奇趣植物园

THE STORY
CONNECTED TO THAT PLANT

林焕棠
潘艳华
何海天
郭桂梅 / 著

U0170214

SPM
南方出版传媒
新世纪出版社

· 广州 ·

图书在版编目（CIP）数据

奇趣植物园／林焕棠等著 . — 广州：新世纪出版社 , 2021.1
（自然观察系列）
ISBN 978-7-5583-2421-5

Ⅰ . ①奇… Ⅱ . ①林… Ⅲ . ①植物 – 少儿读物 Ⅳ . ① Q94–49
中国版本图书馆 CIP 数据核字 (2020) 第 035171 号

出 版 人：姚丹林
策划编辑：王　清　秦文剑
责任编辑：秦文剑　黄诗棋　黄翮先
责任校对：毛　娟　黄鸿生
责任技编：王　维
设　　计：骆爱兰 Design Studio
绘　　图：杨炳军

THE STORY
CONNECTED
TO
THAT PLANT

Qiqu Zhiwuyuan

奇趣植物园

出版发行：新世纪出版社
（广州市大沙头四马路 10 号）

经　　销：全国新华书店
印　　刷：广州一龙有限公司
规　　格：889 毫米 ×1400 毫米
开　　本：16 开
印　　张：10.5
字　　数：95 千
版　　次：2021 年 1 月第 1 版
印　　次：2021 年 1 月第 1 次印刷
定　　价：32 元

质量监督电话：020-83797655
购书咨询电话：020-83792970

序

　　应好友阿棠之邀为其新书写序，何其惶恐。翻看目录，立刻被每篇小文章的题目吸引，"英雄、萌熊、硬汉子、斗士……"，植物们成了电影里的不同角色。细细品读文字，时而跟着主人翁捏着野果仿佛尝了那天然的甜；时而凝神恍然回到孩提时光；时而被植物跟动物们之间的奇趣故事逗笑……竟有了外出的冲动，带上书本去听植物"讲故事"、跟它们"玩游戏"。

　　合上书稿，庄子的"天地有大美而不言"浮现在脑海里；"草在结它的种子，风在摇它的叶子"，顾城也是这样陶醉在不言不语的大自然中。每次静静地站在户外，仿佛听见花在开、草在长，大自然就是如此这般迷人的存在，"我们站着，不说话就十分美好"。

　　说到观自然，我特别喜欢蒋勋先生的话，心情不好，就去看看细叶榄仁。春天，抬头看看那些嫩绿鲜亮的新叶，柔软了疲惫的心。这就是自然的治愈力！可是我们在石屎森林居住久了，对自然却是疏远了。我们的孩子——数字时代的原住民，抬头看电脑、低头看手机实在太平常了。可是不要忘记自然才是我们安放内心的最好居所。让孩子多亲近大自然，是保持和促进身心健康最直接、最简单的途径。

　　曾有植物学家说，花是一种竞争力。它的美其实是一个计谋，用来招蜂引蝶，其背后其实是延续生命的旺盛愿望。花的美是在上亿年的竞争中形成的，不美的都被淘汰了。为什么白色的花香味通常都特别浓郁，因为它没有缤纷的色彩去招蜂引蝶，只能靠香味博得关注。花香花美的背后隐藏着生存的艰难，正如自然的背后隐藏着的许许多多值得我们探索的故事。在观察中我们看到自然的美，也看到美的背后植物生存的真谛。

　　蒋勋先生说，回到生命的原点，才能看到美。原点就是这孕育万物的大自然母亲。如果你和她疏离太久，已不懂跟她亲近，那么带上这本《自然观察：奇趣植物园》走进她的内心！也许你是独自一人，也许你带着最爱的人，无论如何，你都绝不孤单。因为，周围大大小小的植物会是你最忠诚的朋友。

　　来，启动"五感"，走进我们的奇趣植物园吧！

阿哲

写于2020年3月20日春分

奇 趣 植 物 园

CONTENTS
目录

CONTENTS
目录

奇趣
植物园

一 观花赏叶

牡丹虽好，终须绿叶扶持。大自然的植物种类繁多，既有观花植物的繁花似锦、万紫千红，又有观叶植物的枝繁叶茂、绿意盎然。叶子和花朵在大自然中各司其职，共同组成植物世界的千姿百态。

龙船花：

我是如何一步一步走上神坛的

何海天

中文名：
龙船花

拉丁学名：
Ixora chinensis

别称：
卖子木、山丹、英丹等

科：
茜草科

属：
龙船花属

许多人一听到"龙船花"几个字，一定会有跟我一样的疑惑：为什么叫龙船花？这花跟龙船有什么关系？

为此，我做了调查，证明龙船花就是因为在龙船上使用而得名的！可问题是，龙船上为什么需要龙船花？它是怎样跑上龙船的呢？总不能见它长得漂亮就让它在龙船上"站岗"吧？

我们来看看龙船花是一种怎样的花，看看能不能找到一些端倪。

龙船花是常绿灌木，高0.8~2米。花叶秀美，在中国南方常有种植。龙船花的第一个特点是花期较长，从3月一直开到12月；第二个特点是生命力强，龙船花不仅枝叶长得较为粗壮，而且对生长的环境也不太挑剔，只要阳光和水分充足，它就能茁壮成长。

我们再来看看端午节的划龙船活动。端午节前后正是南方最热的时候，此时人易生病，疾病也易流行。古时候，人们缺乏科学观念，误以为疾病皆由鬼邪作祟所致。而古人相信万物相生相克，有阴就有阳。菖蒲、艾草、蒜头像人类的武器——剑、戈、锤子，再加上它们确实有祛病的作用，因此人们常常用它们作为保平安的物件，端午节时在家将它们或挂或烧或熏或吃，以此来驱蛇虫、杀病菌、驱除妖魔。这三者还有一个共同之处就是均可入药，于是菖蒲、艾草、蒜头也就成为居家必备之"镇邪神器"。

但是，这些跟划龙船和龙船花有什么关系吗？当然有关系。众所周知，划龙船是高风险的活动，稍有不慎，就会闹出人命。这个不慎就包括指挥错误、遇到风浪、不明原因等。所以，它们同样需要"镇邪神器"。

而要成为龙船上的"镇邪神器"必须满足以下条件：一是可以随处采摘；二是不娇嫩，采摘后存活时间长；三是正义、阳光；四是必须能入药。于是，龙船花脱颖而出，这花似乎完全就是为龙船而存在的，完全符合为龙船"站岗"的要求！它开花的时候，花团锦簇，是多么的稳重又豪迈，花色像熊熊燃烧的火焰，这不就是正义和阳光的象征吗？它花期长，方便采摘，采摘后，被绑在龙船上，不易折断。最难得的是它可以入药，能治疗高血压、筋骨折伤等。而最奇妙的是它花开的时候，四片花瓣平展成"十"字。在古代，十字图形代表着辟邪驱魔、去病除瘟疫的符咒。所以，不选龙船花还能选谁呢？于是，农历五月初一"采龙"时，人们就在龙船的花篮里挂上这种花。久而久之，人们就称这种花为龙船花了。

[观察思考]

1. 为什么要在龙船上挂龙船花？

2. 龙船花与龙船有什么关系？

杜鹃：母亲叫它清明花

刘忠娥

中文名:
杜鹃

拉丁学名:
Rhododendron simsii

别称:
山踯躅、山石榴、映山红等

科:
杜鹃花科

属:
杜鹃属

有一年，朋友从修路的山坡旁捡了一株杜鹃花送给我，我把它种在阳台上。每到清明时节，它就开得如痴如醉，半透明的花瓣把整个阳台都映红了。

  杜鹃花盛放时，母亲就喜笑颜开地说："清明花开了！好漂亮啊！"我说那是杜鹃花，又叫映山红，可母亲坚持叫它"清明花"。那是她家乡湖南省宜章县麻田乡的叫法。

  小时候跟伙伴们到山里去玩，杜鹃花盛开的时候，满山遍野一片红艳。我们会摘下一朵朵红花直接往嘴里送，花儿有点儿甜又有点儿酸，味道好极了。我们还会把那些开得特别好的花枝带回家，用玻璃瓶盛水养起来，简陋的房间顿时充满了春意。

  "映山红"这名字是我看了电影《闪闪的红星》后才知道的，同时还知道了它是我国三大天然名花之一，另外两种是龙胆花和报春花。杜鹃花还有许多别名，比如满山红、马樱花、山石榴、山踯躅等。"清明花"的叫法，大概是因为它开在清明节前后吧。可是，杜鹃花品种太多了，全世界有900多个品种，我国就占了600多种。如今培植的杜鹃花很多都不限于清明时节开花了，有些品种的杜鹃花甚至可以全年不间断地开花。

杜鹃花是一种非常美丽大方的花，它开花时特别从容自如，美得令人着迷。白居易曾用诗句盛赞杜鹃："闲折两枝持在手，细看不是人间有。花中此物似西施，芙蓉芍药皆嫫母。"从此杜鹃便有了"花中西施"的美称。

民间一直流传着许多关于杜鹃花的传说。其中一则是这样的：从前有一户姓杜的人家，家中有母亲和两个儿子，大儿子叫杜大，身强力壮；小儿子叫杜二，体弱无力。一次，杜大的盐担滑下来压死了一个小孩，被判死刑。杜二怕哥哥死后自己无力奉养母亲，所以替兄赴死。可杜大怕事，躲在外面不敢回家。杜二的灵魂便化作杜鹃鸟到处找哥哥，一路飞一路叫："哥哥回来！"叫得口中啼血，滴血处长出了红杜鹃。而在另一座山上，人们看到一群叫着"妈！妈！"的山羊，山羊群中有杜大的尸首，旁边长出一株有毒的黄杜鹃。人们说黄杜鹃是杜大贪生怕死，害了一家变的，将其叫作羊踯躅。黄杜鹃是著名的有毒植物之一，误食会令人腹泻、呕吐或痉挛。而在医药工业上可被用作麻醉剂、镇痛药，全株还可做农药。

[观察思考]

1. 你见过多少种颜色的杜鹃花？

2. 有毒的杜鹃花叫什么名字？

榕树和榕小蜂：我的世界永远有你

何海天

中文名：
榕树

拉丁学名：
Ficus microcarpa

别称：
细叶榕、成树、榕树等

科：
桑科

属：
榕属

榕树最让人费解的要数它的花了。榕树的花是隐头花序，隐头花序是各种花序中的"异类"，它的花序特别膨大，膨大到变形为球状或椭圆球状，反过来把众多的小花给包裹在里面，像一个圆圆的"果"。这也就意味着它把许多采蜜的昆虫都拒之门外了。榕树为什么这样做

呢？人们在相当长一段时间内对此感到迷惑，后来，人们从榕树的花在即将成熟时顶部自动打开的圆圆的小洞中看出了端倪。有一种小昆虫可以从那小洞中进出，这种昆虫就是榕小蜂。原来，榕树的花把所有的爱都给了榕小蜂，所以不接受其他的昆虫了。

那么，榕小蜂是怎样给榕树的花授粉的呢？

让我们从榕小蜂的奇特生命历程说起吧。雌性传粉的榕小蜂从即将成熟的榕树"果"开的洞爬进去，找到适合产卵的雌花，把卵产到短花柱的子房里，从而使雌花成为"代孕"妈妈，即"瘿（yǐng）花"。而榕树花的花柱有长有短，目的是保护自己，以免榕小蜂太贪心，把卵产在所有的花柱上，从而使自己"绝育"。雌性榕小蜂产卵后，有的挤出洞口，飞向另一朵榕树的花，有的则需要等待"救援"。

待卵孵化成虫，首先出来的是雄性榕小蜂，它用特殊的上颚咬破瘿花壁，急匆匆地用触角探测其他瘿花，当探测到里面有雌蜂时，就咬破瘿花壁，把交配器伸进去跟雌蜂交配。在此期间，雌蜂只能被动地交配，因为它没能咬破瘿花壁的上颚，它是被困在瘿花里面的。那么，雌蜂是怎样出来的呢？它是从被雄蜂咬破的瘿花壁那里出来的，也就是说，雄蜂解救了雌蜂！咦，交配时没看到对方，就不怕是自己的兄弟姐妹吗？没错！它们当中有相当一部分是近亲繁殖。雄蜂忙着交配，不吃不喝，最后力竭而死，终其一生也没有爬出过榕树"果"。而交配后的雌蜂钻出瘿花，游走在各雄花和雌花之间，用特别构造的传粉器官收集花粉，钻出榕树"果"，搬运到其他适合产卵的"果"内，一边涂抹花粉至雌花柱头，一边产卵，从而促使新一代的生命历程正式开始。

　　如此看来，榕树和榕小蜂是互惠互利、协同进化的共生关系，榕小蜂依靠榕树"果"育雏，繁殖下一代，而榕树依靠榕小蜂完成授粉。

　　这真是动物界和植物界的合作佳话啊！

[观察思考]

　　1. 你还认识哪些植物也是隐头花序的呢？

　　2. 榕树和榕小蜂是怎样实现互惠互利的？

黄葛树：饱经风霜仍茁壮

林焕棠

中文名：
黄葛树

拉丁学名：
Ficus virens

别称：
大叶榕、马尾榕、黄葛榕等

科：
桑科

属：
榕属

　　学校门口有一棵年迈的黄葛树，有高大的树干、密集交错的枝丫、深绿茂密的叶子。树上住着鸟儿、虫儿，还有蜜蜂。然而，不知从哪年起，它开始出现"骨质疏松"了，树干中间有了空隙，它的"腰"慢慢倾斜到近乎躺到地面。孩子们上学时总喜欢爬上倾斜的树干上玩耍。有一次，一个调皮的男孩胆子很大，不但爬得高，还好奇地伸手去捅蜂窝，蜜蜂发现来者不善，于是集体攻击男孩，蜇得他满头都是肿块。从此，再调皮的孩子也不敢欺负这棵黄葛树和它的"住客"了。

秋天扫落叶，但在中国南方，从植物身上观测季节变化不是一件容易的事。冬春之交，黄葛树才开始换装。它的落叶期很短，老叶子在一个星期内就落光了，深黄色的枯叶铺满地面。孩子们上学时喜欢走在由枯叶铺成的"黄金大道"上。黄葛树光秃秃的样子不会保持很久，一进入春天，它就抽出嫩绿的新芽，像毛笔的笔尖，接着展开翠绿的嫩叶，春意盎然。到四月份，叶子就长得郁郁葱葱，挨挨挤挤，叠得密不透光。

黄葛树不但是观芽、观叶的绿荫树，而且是招鸟树种。五月下旬，树上就来了新的住客——八哥夫妇与它们的四个宝宝。黄葛树的树杈上有一个深凹的树洞，八哥借助这个有利的位置，用树枝和枯叶布置出舒适的家。

听村民介绍，学校门前这棵黄葛树，已经上百岁了。这个村子位于雷击高发区，这棵黄葛树也难逃一劫，它曾经被雷劈中，但至今仍屹立不倒，每年春天都重发新芽，生机勃勃。要说它最显老的地方，那就是它的树干了。由于树干逐渐增粗，树干中间的木质越来越难得到氧气和养料，树心渐渐死去，再加上时不时有雨水从树干"伤口处"渗入，树心就逐渐腐烂了。久而久之，黄葛树就成了空心树。树没有了"心"为什么不会死？那是因为它还有树皮。树皮的作用除了能防寒暑、防虫害之外，还能运送养料。根部吸收的水分和养分通过树皮运送到树的各个器官中去，所以这棵黄葛树虽然树干已经空心，可是仍然生机勃勃，郁郁葱葱。

[观察思考]

1. 中国南方的黄葛树是什么时候落叶的？

2. 黄葛树的树心腐烂，变成空心树了，为什么还没有死？

构树：
请别忽视我的美

潘艳华

中文名：
构

拉丁学名：
Broussonetia papyrifera

别称：
构桃树、构乳树、楮树、楮实子、
沙纸树、谷木等

科：
桑科

属：
构属

　　构树是一种普通的落叶乔木，普通到许多人不知道它的名字，它一般生长在荒凉偏僻的地方，不招人待见，早年我也只是把它当作一种路边野生的小灌木，直到几年前爱上自然观察，才关注到它的美，一种不容错过的美。

构树的树形很美。它枝叶茂密，树冠张开，浓荫遮蔽，极具一种自然粗犷之美。一直以为构树是矮小的灌木，蓬乱地生长在墙角旮旯、河堤岸汊。直到有一天，有人告诉我旁边那棵高大伟岸的乔木是构树时，我惊讶极了，真想不到构树撑起来如同华盖！

构树的叶子很美。它的叶子幼年多裂，成年不裂。幼年多裂的叶子形状奇特，颇具曲线之美，流畅而和谐，像一张对称的剪纸；成年不裂的叶子和桑叶有几分相似，像一个绿色的爱心。多裂的叶子看起来残缺不全，可正是因为这些特点，才不会有虫子来光顾，可能虫子也不屑于吃别的虫子咬过的"残羹冷炙"吧。所以虫子是不会在这样的叶子上产卵的，我猜它们是怕饿死虫宝宝。

构树的花朵和果实很美，雌雄异株，雄株被称为"会冒烟"的树，开出一串串淡绿色的雄花后，雄花会向空中喷撒花粉，花粉借着风力飘落到雌花身上，然后雌花结出一个个圆圆的果实。果实初为绿色，成熟后殷红如血，耀人眼目，酷似一颗颗晶莹透亮的红宝石，挤挤挨挨在一起，缀满了树枝，红艳艳，亮晶晶，煞是好看！

构树的果实虽然好看，但很少有人吃，也许是因为它已经被苍蝇、蚂蚁等昆虫舔过了，肉粒之间藏着小虫。我经常看见苍蝇在果子上美滋滋地享受大餐。最爱吃构树果实的是鸟儿，这红彤彤的果实可是鸟儿争相抢食的美味佳肴。在构树周围总有许多鸟儿围着转，常见的有红耳鹎、白头鹎、暗绿绣眼鸟、乌鸫、麻雀等。果实被鸟儿食用后，种子会被鸟儿排泄出来，就地长成新的构树。如今构树随处可见，越是人们不注意的地方，构树长得越茂盛。

　　构树不但美观，而且是城乡绿化的重要树种。它生长快，轮伐期短，树皮可造纸，叶子还是喂养家畜的好饲料。构树的用途这么多，是不是很厉害呢？

[观察思考]

　　1. 为什么虫子都不咬构树的叶子？

　　2. 在大自然中，谁可以为构树播撒种子？

生石花：有生命的石头

郭桂梅

中文名:
生石花

拉丁学名:
Lithops pseudotruncatella subsp.archerae

别称:
元宝，象蹄，屁股花

科:
番杏科

属:
生石花属

生石花是一种萌到不得了的多肉植物，看过它的人都被它酷似石头的外表吸引。它的叶肉非常肥厚，叶片是对生联结，顶端平坦，整体呈倒圆锥体形状。不同的品种色彩不一样，看起来就像彩色的石头，所以叫生石花，又叫石头花。

生石花属于番杏科，露美玉、五十铃玉、碧光环、鹿角海棠等常见的多肉植物都属于此科。此科植物形态奇特，叶片高度肉质，其花花色艳丽，观之使人赏心悦目，因此很多人都喜欢种植。

生石花有一个庞大的家族，依据花色归纳成四类：黄、白、黄花白心、白花带红晕。另外，还可以依据叶形、叶面透明度、叶色、叶面花纹与颜色等进行分类。

生石花会像蛇一样"蜕皮"。每到春季，它的叶便会自然地老去，蜕掉，新长的叶子会慢慢吸收掉老叶中的营养，这时老叶表面开始变得暗淡无光、起皱，看起来像是快干枯或是营养不良。等老叶完全干枯，新叶便长成。它每蜕一次皮就又大了一圈，这过程中不需要额外浇水，更不必多施肥。

原产非洲南部及西南地区的生石花非常喜欢阳光，并且需要良好的通风环境，不然就会黑腐、化水。种植生石花需要足够的耐性，一般种植2~3年才会开花，花儿昼开夜合，需要异花授粉。虽然种植过程有点长，但是，当你看着小舌头一样的花蕾慢慢长出，在开花的一个星期里，或黄或白的花越长越大，直到绽放，你会觉得一切辛苦和等待都是值得的。

下面表格中的信息能帮助你了解这种可爱的"石头"：

月份	种植要点
9月	可播种，放心浇水，花蕾开始冒出。新手可入手。
10月	花期，放心浇水，迎接让人惊艳的花，可小心地进行异花授粉。
11月至次年3月	狠心断水。
4月	正常管理，浇水、换盆，老叶渐干，新叶长出，完成"蜕皮"的过程，老桩可能会分头。
5-6月	正常管理，可收集成熟种荚。
7-8月	天气闷热，减少浇水，这两个月里只需浇水2~3次，注意通风。

这就是神奇的多肉生石花，被称为"有生命的石头"。它需要我们有耐性，静待"石头"开花。

[观察思考]

1. 生石花的"蜕皮"是为了适应气候的变化，你还知道其他类似的植物吗？

2. 生石花需要种多久才开花？

金边吊兰：两套繁殖系统

何海天

中文名:
金边吊兰

拉丁学名:
Chlorophytum comosum
' *Variegatum* '

别称:
桂兰、葡萄兰、飞机草等

科:
天门冬科

属:
吊兰属

　　一天，我在公园里散步，墙脚的一丛郁郁葱葱的金边吊兰吸引了我。

金边吊兰属于天门冬科、吊兰属，多年生常绿草本植物。叶片呈宽线形，嫩绿色，边缘是金色的，叶子生于短茎上，具有肥大的圆柱状肉质根。它生长速度快，栽培容易，易成活，人们常常把它挂在较明亮的房间内栽培欣赏。

我见到的这丛金边吊兰种在墙边的花坛里，不像日常一般吊起来养殖。我用手机拍了几张照片，翻看照片的时候，我发现了一个奇怪的现象——一条条细长的茎从金边吊兰的叶子丛中伸出，茎上开了几朵白色的小花，奇怪的是，除此之外，茎上还长着五六簇很小的叶子。这五六簇叶子是干什么用的呢？金边吊兰的叶子是长在块状的短茎上，也就是说，它已经有了花这种繁殖器官、叶这种营养器官，为什么还要在细长的繁殖茎上另外长出这五六簇的小叶子？是帮助旁边的花吸引昆虫吗？我再仔细看了看，发现这五六簇叶子都是从这细长的茎上的一个节点簇生出来的，活脱脱是一丛小型吊兰。难道这一簇簇的小叶子是金边吊兰的复制品，是它无性繁殖的下一代吗？

  为了验证我的猜想，我剪了一段金边吊兰的繁殖茎，带回家试着种植。

  我首先剪下那一簇小叶，余下的茎我分两部分剪开，分别种在花盆里，放在阳台上定期浇水。三周后，那一簇小叶长出了根，能独立存活，其他部分栽种的都枯萎了。那一簇小叶确实是金边吊兰的下一代啊！这样，金边吊兰岂不是实现了生命从旧株到新株的转移，实现了长生不老，永不死亡？

  这让我想起年轻的时候闹的一个笑话，我以为甘蔗是靠种子来繁殖的，直到一个朋友告诉我真相——蔗农是用甘蔗的头或尾发芽来繁殖的。那么甘蔗有没有花朵和种子呢？有。只不过种子繁殖达不到高产的目的，所以，种子只能在改良蔗种时使用。

也就是说，这些植物同时拥有两种繁殖方式：一种是有性繁殖——通过花朵、种子来繁殖；另一种是无性繁殖——通过分株、扦插来繁殖。同时拥有这两种繁殖方式的植物有很大的生存优势，在种子无法萌发时，它可以通过无性繁殖的方式延续生命。

[观察思考]

1. 金边吊兰能通过无性繁殖无限地繁殖下去吗？

2. 你还知道哪些植物拥有两种繁殖方式？

绣球：植物界的『变色龙』

潘艳华

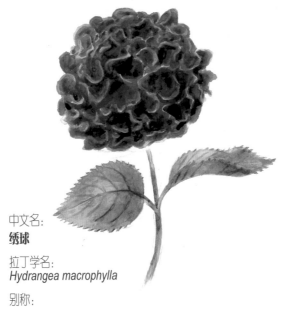

中文名：
绣球

拉丁学名：
Hydrangea macrophylla

别称：
绣球花、八仙花、紫阳花、
洋绣球、粉团花等

科：
绣球科

属：
绣球属

　　初夏的傍晚，我与朋友相约散步，在一排古旧的苏式房子墙边偶遇了一株硕大的绣球，那大如篮球的花冠上，挤挤挨挨地开满了蓝紫色的小花，真是美极了。

　　循着墙望过去，不远处还有一株玫红色的绣球，硕大、艳丽、浓墨重彩，一丝淡淡的香气飘散在傍晚的微风里。"纷纷红紫竞芳菲，争似团酥越样奇。料想花神闲戏击，误随风起坠繁枝。"想起宋代杨巽斋描写绣球的经典诗句，更让人陶醉于这葳蕤的草木和馥郁的花香之中。

　　绣球，又名绣球花、八仙花、粉团花。属绣球科绣球属，落叶灌木。绣球花是一种常见的庭院花卉，枝繁叶茂，绿叶衬着红花、紫花，煞是好看。它的叶柄粗壮，叶子对生，卵形叶密集，光滑肥厚，边缘有粗锯齿。绣球花花形丰满，大而美丽，它的花由一朵朵的小花组成，每一朵小花又由四五瓣萼片缀连，然后形成球状，因其形态像绣球，故得名。

　　那日看过绣球花，喜爱之极。于是，便从花卉市场抱回了一盆绣球花，养在阳台。在我的精心照料下绣球花很快就开花了，花初开时是白绿色的，两天后全绿了，又过几天就变成了粉红色，再过几天又变成了淡蓝色，最后变成了淡紫色，一周过后就慢慢凋谢了。绣球花随

着时间的推移，花的颜色有所变化，真是太神奇了。为什么不同时期花色会不同呢？原来，绣球花的花色是由一种属于花青素类的飞燕草色素形成起的，花刚开时花青素较少，随着生长产生较多的花青素，遇到土壤酸碱度的变化、光合作用的强弱，花就变色了。绣球花简直是植物界的"变色龙"啊！

绣球花的颜色丰富，有红的、绿的、蓝的、紫的、粉的等等，是一种常见的观赏花木。它有着美丽的外表，令人喜爱，但它却是有毒植物！绣球花全株均具有毒性，误食茎叶会造成疝痛、腹痛、腹泻、呕吐、呼吸急迫、便血等。在我们的生活中不少花卉也具有毒性，如夹竹桃、水仙花、黄婵、万年青、长春花、滴水观音等等。只要我们与它们保持距离，不要随意玩弄抚摸，不要误食，让它们的美留在大自然里，我们便能更好地欣赏它们。

[**观察思考**]

1. 除了文中提到的有毒植物，你还知道哪些？

2. 为什么说绣球花是植物界的"变色龙"？

鸳鸯茉莉：
常常换花色

潘艳华

中文名：
鸳鸯茉莉

拉丁学名：
Brunfelsia brasiliensis

别称：
番茉莉、二色茉莉等

科：
茄科

属：
鸳鸯茉莉属

走在南方城市的公园里或街道上，不经意间你就会被一抹又一抹亮丽的紫色所吸引。走近了，一股浓郁的芳香扑鼻而来，这便是鸳鸯茉莉了。

鸳鸯茉莉是茄科鸳鸯茉莉属多年生常绿灌木，花期较长，从春天开到秋天，未开的花骨朵像一个个高高举起的肉嘟嘟的小拳头，可爱极了。盛开的花朵呈高脚碟状，小小的五片花瓣，如桃花般大小，单看一朵花，精致、娇柔、可爱；白一朵，紫一朵，盛开在花枝上，芳香而高雅；处于盛花期的花朵三三两两地挨在一起，如同鸳

35

鸯一样形影不离，让人想起《诗经》里"执子之手，与子偕老"的名句。

鸳鸯茉莉又被称为二色茉莉，因为在同一株植物上同时开有白花和紫花。同一株植物上会开出不同颜色的花其实很常见，同一朵花有不同颜色也并不少见，比如大名鼎鼎的金银花，先开为白，逐渐变黄。还有我们熟悉的马缨丹、三色堇等。你从它们身上能看到大自然神奇的变色现象。

那么鸳鸯茉莉是一株花枝开出两种不同颜色的花朵呢，还是一朵花有两种不同的颜色呢？带着疑问，我来到了小区的花园，一探究竟。经过接连几日的观察，我发现了鸳鸯茉莉的两个秘密：首先，由于花开有先后，同一株鸳鸯茉莉上能同时看见三种不同颜色的花朵，有高贵的紫色、低调的雪青色和纯洁的白色；其次，同一朵鸳鸯茉莉是花开三色，由于开花时间、光照、温度等的影响，鸳鸯茉莉初开时是蓝紫色，渐变为雪青色，最后是白色，所以我们经常可以看到花枝上有许多开败了的白色花朵。

　　虽然鸳鸯茉莉又叫双色茉莉，但其实它有三种颜色的花，正如它的英文名"yesterday-today-and-tomorrow（昨天今天明天）"，它还有一个英文别名"morning-noon-and-night（早中晚）"，形象地描绘出其花色的特殊变化。

[观察思考]

　　1. 为什么鸳鸯茉莉会开三种颜色的花呢？

　　2. 鸳鸯茉莉是先开紫花还是先开白花？

光叶子花：喧宾夺主的苞片

刘忠娥

中文名:
光叶子花

拉丁学名:
Bougainvillea glabra

别称:
三角梅、簕杜鹃、三角花等

科:
紫茉莉科

属:
叶子花属

刚到广东省河源市时，首先让我好奇的是这座小城里的花，比如满树花叶同生的紫荆花，爬满墙的爆竹花，还有长得像极了瓶刷子的红千层花……其中最吸引我的

38

还是那种差不多家家户户庭院里都种着，在冬季里开得特别火爆的光叶子花。当地人叫它簕杜鹃。它是深圳市与河源市的市花。喜欢这种花，是因为它的好些品种在开花时往往看不到叶子，就是一树的花，开得红红火火，十分张扬。而且颜色繁多，有大红的、粉红的、紫红的、橙红的……漂亮极了！由于这种植物属于小灌木，不像高大的乔木那样顶天立地，它的枝相对柔软细长，所以靠

墙种着的话，往往会把花开得墙里墙外都是，真是"满园艳色关不住，一堆花瀑墙外泻"的景象。院子里种上这么一棵光叶子花，整个庭院就都变得生机盎然了。

一次与朋友谈及这种花，让我恍然大悟。朋友告诉我，光叶子花是一种被喧宾夺主的花。我们看到的那些大片大片艳丽缤纷的部分其实并不是花，而是花的苞片！

那么，花在哪里呢？在苞片中间的顶端聚生着一个米粒大小的部分，那就是花，它只有那么可怜的一点点，而且颜色很淡！

光叶子花的苞片结构呈三角状排列，所以也被称为三角梅、三角花。它原产于巴西，日本叫它九重葛。在广东和香港，因其枝中有簕（即刺），花的部分看上去似杜鹃，所以又叫簕杜鹃。在这些名字中，我觉得最恰当的是"三角梅"，因为那些美丽的苞片像三角形。仔细看，苞片上面还布有叶脉状的纹络呢！如果是绿色的话，人们一定能看出它是叶片了。

不知道在光叶子花进化的过程中，是什么原因让苞片喧宾夺主的。但至少有一点可以肯定，那就是：竞争

和生存。世上所有的生物长成什么形状，都是由其生存的需要所决定的。或许，光叶子花的花朵十分柔弱，需要大大的苞片来保护；或许，它的花朵天生就一副苍白面孔，缺乏招蜂引蝶的魅力，需要艳丽的苞片来帮它吸引蜜蜂和蝴蝶；或许，它的苞片因为某个偶然事件得到了比花朵更好的发展机遇而"反客为主"。这其中一定有过一场惨烈的竞争，结果是曾高高在上的花朵只能缩于一隅，而所有的亮丽全被苞片占去了，就这样，它的苞片一直被看成是花瓣。

[观察思考]

1. 光叶子花的花是什么样的？

2. 那些艳丽的部分是光叶子花的什么部位？

奇趣
植物园

一 食用和药用

「种园得果廑赏劳，不奈儿童鸟雀搔。」果实和种子在成熟后散布各处，对植物种族的繁殖是极为重要的。果实与人类生活的关系极为密切，是大自然馈赠给人类的礼物——粮食、水果、中药等材料大部分都是取自植物，所以我们要敬畏自然、感恩自然。

慈姑：供桌上的错误

何海天

中文名:
华夏慈姑

拉丁学名:
Sagittaria trifolia subsp. leucopetala

别称:
剪刀草、燕尾草、茨菰等

科:
泽泻科

属:
慈姑属

我的岳母笃信鬼神、风水，认为万物有灵，所以在一年到头的节日里，都要拜祭一番！她的祭品当中有一种叫慈姑的植物。慈姑分为很多种，广东春节食用的是华夏慈姑。

"为什么用慈姑作为拜祭品呢？"我问岳母。

"用这个来保佑我们家人丁兴旺啊！"岳母说。

"可是，保佑我们家人丁兴旺为什么要用慈姑呢？"

"我也不知道啊，这是老祖宗传下来的拜祭习惯，大概是它的样子像男孙吧！"

"样子像男孙？"我眼珠一转，也就明白了，原来慈姑的形状圆嘟嘟的，突出的那条顶芽约4厘米长，确实有点像男童的"子孙根"。我翻查了资料，想不到的是，慈姑在中国传统文化中所代表的意义和其生物学特性有着不同之处。

慈姑是多年生草本植物，"慈姑"通常指它的球状根茎，它喜欢长在沼泽地，叶子像箭头，叶柄特别长。慈姑的生命就是从这球状根茎开始的，球状根茎埋在地里，从顶端长出叶柄，一个月后，从叶柄基部，长出匍匐茎。这匍匐茎可神奇了，因受气温影响，如果白天气温高于15摄氏度，匍匐茎就窜出地面，长根长叶，形成一株新的植株；如果白天气温低于15摄氏度，匍匐茎就往地下钻，积聚营养，在末端形成球状根茎，这就是慈姑了。每一株慈姑都会长出12条匍匐茎，也就是说，每一条末端都有一个球状根茎，它们共同分享着母株的营养，就像一个母亲哺育着12个孩子一般，这也是它得名的原因。

李时珍对慈姑的描述非常形象："慈姑一根岁产十二子，如慈姑之乳诸手，故以名之。""慈姑"就是"慈祥的母亲"的意思，再加上它高产易活，一株有12个球状根茎，意喻多子多福，于是人们把它奉上供桌拜祭神灵，祈求人丁兴旺。

但最讽刺的是，孕妇不能多吃慈姑。这是怎么回事呢？原来慈姑含有蛋白酶抑制剂，这种蛋白酶抑制剂可能会抑制人体内的蛋白酶活动，阻碍人体对蛋白质的分解和吸收，引起消化不良。虽然这种蛋白酶抑制剂不耐高温，但还是建议孕妇谨慎使用。

慈姑被人们赋予子嗣繁荣的文化含义而端上神台，但人们往往并不知道它竟然是孕妇需谨慎使用的植物。

[观察思考]

1. 慈姑的叶子为什么具有三种形态？

2. 慈姑有多少条茎？

朝天椒：会飞的种子

何海天

中文名：
朝天椒

拉丁学名：
Capsicum annuum var.conoides

别称：
小辣椒、望天椒等

科：
茄科

属：
辣椒属

　　当我看见朝天椒的时候，我终于明白为什么叫它朝天椒了，一颗颗果实长在枝上，果尖笔直地指向天空，圆锥形，就像一颗颗蓄势待发的子弹，似乎在跟老天爷叫板！给它起这个名字的人真有水平啊！起得如此贴切！

这几棵朝天椒就种在我们露营的营地旁边，几枚果实还没有成熟，青中带黄，但已经可以感受到它咄咄逼人的气势。

　　我跟几个驴友围着它兴致勃勃地说着自己和辣椒的故事。其中一个驴友说，自己有一次在广东的南雄吃烧烤，摊主问他要不要加辣，他想着自己是湖南人，能吃辣，广东人吃辣也不会辣到哪里去，于是就说要加辣，结果把自己的上下两片嘴唇辣成两条"腊肠"，后来才知道南雄是广东吃辣最厉害的地方。另一个驴友说，自己第一次吃四川火锅，第二天就因肠胃不适而腹泻，感觉肛门都火辣辣的，痛不欲生。

欢笑之余，一个驴友问道："辣椒为什么会那么辣？"这可把所有人都难倒了。想想也觉得真奇怪，大多数植物的果实都是甜的，目的是吸引动物去吃果实，从而帮助植物把种子传播到远处。可辣椒那么辣，有谁愿意吃它呢？

回家后，我专门查了一下资料，终于弄清楚。原来辣椒原产地在美洲，气候温热。同样的，十分适合真菌生存，真菌会感染、腐蚀辣椒的果实和叶子。在漫长的岁月中，辣椒进化出辣椒素作为自己的防身武器，对抗各种各样的真菌。同时，拥有这种武器还给它带来意想不到的好处，如避免了哺乳动物吃下果实！原来，哺乳动物有辣椒素受体，会对辣椒素产生反应，当哺乳动物吃到辣椒时，辣椒素就会跟辣椒受体结合，让哺乳动物的口腔感到灼伤和疼痛。而辣椒的种子没有坚硬的外壳，如果被哺乳动物咀嚼并吞下，就会被消化掉了，而辣椒素的存在，让果实中的种子避免了损伤之虞。

那么，辣椒长出果实目的不是吸引哺乳动物，又是为何呢？是为了奖励鸟类！奖励鸟类帮它传播种子，奖励鸟类带着种子飞！这是怎么回事呢？难道鸟类不怕辣？是的，你猜对了，鸟类不怕辣。因为它们没有辣椒素受体，所以不会感到灼伤和疼痛，而且，它们也没有牙齿，不会咀嚼果实，也就不会破坏脆弱的种子结构。最重要的是，它们的消化道短，种子在它们的体内停留的时间就短，种子不会被消化掉，最后会被它们排泄出来。它们又到处飞，可以把辣椒的种子送到各地生根发芽。由此可见，辣椒的果实作为对鸟类的奖励一点都不为过呢！

[观察思考]

1. 辣椒的叶子为什么不辣？

2. 鸟类为什么不怕辣？

甘蔗：制糖的原材料

林焕棠

中文名：
甘蔗

拉丁学名：
Saccharum officinarum

别称：
薯蔗，糖蔗，黄皮果蔗

科：
禾本科

属：
甘蔗属

　　广东紫坭糖厂于1953年建成投产，是中华人民共和国成立后自行建设的第一家拥有自动化榨糖生产线的国有企业。20世纪末，广东紫坭糖厂结业，之后华丽转身成为紫泥堂创意园。爸爸和我到紫泥堂创意园游览。斑驳的墙面刻录了历史的痕迹，那些黄砖小楼是爸爸过去岁月的印记。因为，这里承载了爸爸年轻时的汗水和

回忆。

　　糖厂，就是把甘蔗、甜菜等变成糖的地方。甘蔗可分为果蔗和糖蔗。糖蔗含糖量较高，紫坭糖厂主要用糖蔗来制糖。糖蔗皮硬纤维粗，而且口感较差，只是在田地里口渴了偶尔鲜食，市场很少售卖。除了提炼蔗糖外，剩下的蔗渣、废蜜和滤泥等还可以制成纸张、纤维板、肥料等。

　　当年我家的经济来源就是种甘蔗和水稻。甘蔗是温带和热带农作物，是制造蔗糖的原料。我家的地轮种甘蔗和水稻。妈妈说，植物轮种有利于土壤中的养分均衡消耗，还有利于减轻与作物伴生的病虫和杂草的危害。

　　我印象中，种甘蔗最辛苦的工作莫过于剥叶了。随着蔗茎的生长，基部叶片自下而上逐渐枯黄，要除去枯黄脚叶，才能增产、促熟、增糖。剥叶时，我必须全副武装，戴头巾包脸，穿长衣长裤。大热天在甘蔗林中还包得严严实实的，不是遭罪吗？可为的就是防止被叶子

划伤。甘蔗的叶鞘长于节间，叶鞘口有柔毛，落到身上痒痒的。有的叶片长达1米，虽然没有长毛，但边缘是锯齿状，像一块块刀片。有时就算我包裹得再严实也会中招，手上、脸上都会留下一道道被叶片划过的纤细红色伤痕。

我见过河边野生的没有剥叶的甘蔗，长得不壮，被枯黄脚叶包裹的部分是浅白色的，里面生长在节间的蔗芽因为水分充足而显得饱满，这样的甘蔗就不受市场欢迎了。

除了种糖蔗，我们还种果蔗。它较为容易撕、纤维少、糖分适中，茎脆，节长，可以鲜食和榨甘蔗汁。

紫泥堂创意园记录了糖厂从兴到衰的过程。眼前冲天的烟囱诉说着它昔日的辉煌，我穿梭于破旧的厂房，一阵阵清新的气息扑鼻而来，感觉既辛酸又甜蜜。

[观察思考]

1. 为什么要为甘蔗剥叶？

2. 除了甘蔗，你还知道有哪些作物能作为制糖的原材料？

向日葵：不是总向着太阳

林焕棠

中文名:
向日葵

拉丁学名:
Helianthus annuus

别称:
朝阳花、转日莲、向阳花、
望日莲、太阳花等

科:
菊科

属:
向日葵属

广州市有一个向日葵王国——百万葵园。我带着几个小孩子去游玩。漫步园内，穿梭于两米多高的向日葵之间，满眼都是阳光般的黄色。向日葵的花盘上有两种花，舌状花和管状花。中间是管状花，四周是舌状花。舌状花像舌头一样，可以引诱昆虫前来采蜜授粉。

孩子们争先恐后地要与向日葵合影。向日葵长得比成人还高，花朵比小孩子的头还大，即使在这样的环境下，要拍出好看的照片也是很讲究的。小雅找到了"一双翅膀"——广卵形的叶片，叶边缘具粗锯齿，两面粗糙，有长长的叶柄。小雅在两片互生的叶子前摆弄着，为的就是用自己的身体迁就花的姿态，最后"咔嚓、咔嚓"几声，照片中的小雅如同有一双绿色的翅膀，头上的朵朵向日葵花成了她的黄色帽子。

小桐更是调皮，他见葵花长得又大又高，为了使葵花变"小"，他离葵花远远的，通过错位拍摄使自己一米多的身材看起来比两米的向日葵还高。接着他站到相机的近处张开嘴巴，让相机、嘴巴与后方的花朵在同一直线上，以此拍摄出"口咬向日葵"的照片效果。

馋嘴的芯芯则像发现了新大陆似的："花朵中的就是种子，就是我常啃的葵花籽。"大家都向爱观察的芯芯竖起了大拇指，我也纠正了她说的一点小错误。向日葵的果实是葵花籽，葵花籽壳是果皮，果仁是种子。

说起瓜子，我想起了一次观鸟时看到的小鸟吃瓜子

的场景。当时我在路边发现了一只斑翅朱雀，它在地上来回寻找，发现了一颗瓜子。它的嘴短且坚硬，呈圆锥形，稍向下弯，三两下工夫就剥开瓜子壳吃下瓜子肉了。

《向日葵》是荷兰画家梵高在阳光灿烂的法国南部所作。向日葵是梵高最具代表性的作品之一。一位评论家说："他用全部精力追求了一件世界上最简单、最普通的东西，这就是太阳。"我后来查阅资料才发现，向日葵不是总追随着太阳的。向日葵从发芽到花盘盛开之前是向着太阳，当太阳下山后，向日葵的花盘又慢慢往回摆，在大约凌晨3点时，又朝向东方等待太阳升起。原因是，在阳光的照射下，生长素在向日葵背光一面含量升高，刺激背光面细胞拉长，从而向太阳转动，在太阳落山后，生长素重新分布，使向日葵转回东方。但是，当花盘盛开后，它就不再向日转动，只向着东方。因为向日葵的花粉怕高温，如果温度高于30 ℃，花粉容易被灼伤，只朝向东方可以避免正午阳光的直射，减少辐射量。

[观察思考]

1. 向日葵的花会一直向着太阳吗？

2. 向日葵的舌状花有什么作用呢？

莲：长寿种子

林焕棠

中文名：
莲

拉丁学名：
Nelumbo nucifera

别称：
莲花、芙蓉、芙蕖等

科：
莲科

属：
莲属

广州市番禺区有一座莲花山，位于番禺东部珠江口狮子河畔，因其峰顶上有一块岩石很像莲花而得名。每年六月是欣赏莲花的最佳时节，游人经常来莲花山游玩，其中最吸引人的是观音胜境，那儿莲花朵朵，清香扑鼻，沁人心脾。

　　莲是被子植物，被子植物能产生种子，尽管我们有时不太留意。有的种子含有很多水分，种子一成熟就立即发芽，否则它们就会因为干燥而失去活性；有的种子能忍耐干燥和低温，它们能在干燥的环境下进入休眠状态，等到环境合适时再萌发。大多数的种子都可以在土壤中待上数十年仍保持活力。

　　莲的果实由增大的花托和许多小穴构成，每个小穴里都有一颗坚果，坚硬的果皮内就是种子，俗称莲子。莲子是种子中的"长寿老人"。科学家在辽宁省普兰店的地下1米深的泥炭层中发现古代莲子，经科学测定，该古代莲子已在地下埋藏了950年左右，这些种子大部分都还能发芽。种子在地下休眠的意义是等待在适当的时候萌发生长，降低了因恶劣天气、自然灾害等致使整个物种灭绝的风险。

　　我家也种了莲，种在一个约60厘米深的陶缸里，泥层不是很厚，水深也不过20厘米。秋天，叶子开始枯黄了，我女儿说要看看莲藕收成如何。张罗着挖莲藕，打算晚上烹制一道佳肴——莲藕火腩煲。经过一番折腾，只挖出了三根拇指大小的莲藕，与市场上卖的像手臂一样粗的大不相同。女儿失望地说："因为我们给它施肥少了吗？"我安慰她说："是莲的品种不同。莲有100多个品种，分藕莲、子莲和花莲三大类。有的是观赏类，有的是食用类。我们这一种就是用于观赏的，所以它的莲藕长不胖，但它的莲藕还是起到了储藏养分和繁殖的作用。"

　　更有趣的是，莲藕有"藕断丝连"的现象。当折断莲藕时，有无数条长长的白色藕丝在断藕之间连着，那是莲花的螺旋形导管。在折断藕时，导管内壁增厚的螺旋部脱离，成为螺旋状的细丝，藕丝不仅存在于藕内，在荷梗、莲蓬中也有。人们用"藕断丝连"来比喻关系虽断，情丝犹连。

[观察思考]

　　1. 为什么莲子埋在地下近千年还能发芽？

　　2. 折断莲藕或荷梗时，为什么会有白色藕丝？

中文名:
鸡蛋花

拉丁学名:
Plumeria rubra

别称:
缅栀子、蛋黄花等

科:
夹竹桃科

属:
鸡蛋花属

    鸡蛋花是一种对自己很狠的植物，狠在哪里？狠在它一到冬天就把树叶落得干干净净，光秃秃的树枝横七竖八地指向四周，像极了《E.T. 外星人》里小外星人的手指，别提有多怪异了。

植物掉叶子主要发生在寒冷的地方，是为了减少叶子对水分的蒸发，也为了能减少植物体内热量的散失，帮助植物度过严冬。可是，鸡蛋花有宽大而厚实的树叶、粗壮的枝条、丰富的乳汁，喜欢潮湿向阳的地方，这说明它具有热带植物的特点。它为什么要在秋后把自己的叶子落得干干净净呢？要知道，由于阳光和水分充足，不愁吃喝，热带的植物一般都很少掉叶子的，而且，同属夹竹桃科的大部分植物都是四季常绿的，这是怎么回事呢？

原来，阳光、温度、雨水的变化都影响着植物的生长，而其对环境的适应性变化就是落叶，所以，当鸡蛋花脱尽了叶子的时候，就是它冬眠的时候，大家可别打搅它哦！

当然，值得我们欣赏的还有鸡蛋花的花朵，这也是其得名的原因：它的花朵像切开的熟鸡蛋，外白里黄，淡而不素，娇而不艳。古代僧人把鸡蛋花大量种植在寺庙里，当僧人从苦修四谛、八正道里回来的时候，看见这淡雅的鸡蛋花，闻到那淡淡的幽香，心情便愉悦起来。鸡蛋花虽然没有莲花、菩提树那般的传奇经历和神秘传说，却成了佛教寺庙"五树六花"之一。所以，当你在

东南亚地区参观寺庙时，看见如此多的鸡蛋花种植其间，也就不足为奇了！

夹竹桃科的植物一般有毒，摘下鸡蛋花的叶子后，枝干流出的白色汁液也是有毒的，但毒性不大。可是，鸡蛋花却成了广东凉茶——五花茶里的其中一花。居然能成为一种药材，那么，鸡蛋花里面究竟有没有毒呢？当然无毒啦！它不但无毒，更是清热解毒、治疗痢疾的药物，而且可提炼精油用在高级化妆品中。鸡蛋花真是夹竹桃科里的异类！

[观察思考]

1. 鸡蛋花为什么能成为药材？

2. 鸡蛋花里能找出花蕊吗？

马齿苋：遍地生长的宝物

郭桂梅

中文名:
马齿苋

拉丁学名:
Portulaca oleracea

别称:
瓜子菜、马齿菜、马苋、
长命菜、五行草等

科:
马齿苋科

属:
马齿苋属

　　小时候家里穷，马齿苋是常出现在饭桌上的食物。
马齿苋可以炒，或煲汤，或凉拌，做法多样，它的味道酸酸的，很开胃，因此深受大众欢迎。马齿苋不用特意去种，田埂上、杂草丛里、小河边，都有它们的身影，当你需要的时候直接拔走就是了。回家洗一洗，简单处理就可以成为饭桌上的美味。

很少人留意马齿苋，因为它太常见了，太平凡了。有需要时，它是菜；不需要时，它便是野草。很长一段时间里，我只知道它叫瓜子菜，你看它的叶子肥肥的，形状特别像瓜子。作为一年生草本植物，它长得不高，也就是30厘米左右，都是平卧伏地铺散，分枝很多，茎是红色的圆圆的。在夏季你会看到它开出小小的黄色的花，花开过后会长出细小的黑褐色的种子，种子数量非常多，而且容易散落。在你拔掉它的同时，种子已经撒落在地，很快又开始新的生命周期，所以随处可见它的身影。

　　有一回，我和女儿要外出旅行几天，临出发的晚上，妈妈煲了一锅马齿苋瘦肉汤，要我们一定喝多点。我女儿觉得很奇怪，为什么出发前特意要喝这汤呢？妈妈解释说："你没发现吗？每次你们出门前，我都会煲马齿苋汤啊。这是因为马齿苋祛湿的功效不错，出门在外，最怕肠胃不适，水土不服。所以先祛湿，就没那么容易水土不服。"是啊，这是我家常喝的汤，特别是有家人要出远门，或者家人肚子不舒服的时候，总能见到这马齿苋汤。略带酸味的汤在炎热的夏天喝起来还特别地提神、开胃。

　　坊间还有许多关于马齿苋益处的说法，比如它有"长寿菜"之称，它有预防菌痢的功效。因此，从前只是自生自长的野菜马齿苋现在已成为居民餐桌上的美味佳肴，有人专门种植，而超市的蔬菜专柜也常见包装精美的马齿苋。这让马齿苋的"身价"高了不少，无论其功效如何，多吃蔬菜对身体健康总是有好处的。

[观察思考]

　　1. 到小区或公园找一找马齿苋，仔细观察它的各个部分。

　　2. 在冬天的田野你能找到马齿苋的影踪吗？为什么？

中文名：
阳桃

拉丁学名：
Averrhoa carambola

别称：
五敛子、杨桃、洋桃等

科：
酢浆草科

属：
阳桃属

阳桃：五萼五瓣五棱边

林焕棠

与同学东东坐在她家门前聊天，不经意抬头时发现阳桃树已经开花了，花团锦簇争奇斗艳。圆锥花序有的长在树枝顶端，有的长在树干上。花朵与门牙差不多大小，由淡紫和白色组成。含苞欲放的花骨朵像米粒，基部是淡紫，顶端雪白。午后的雨水还挂在阳桃花上，娇艳欲滴。

谈起阳桃，东东回忆起小时候与哥哥争阳桃的经历。那时外婆的院子里长着两棵阳桃树，一棵高大茂盛，树干粗壮，黑褐色的树皮上有纤细的横纹。叶子层层叠叠，不留一点儿空隙，叶间露出诱人的果实，没成熟时是深绿色，成熟了就变成黄色。另一棵阳桃树很矮小，羽状复叶上的一些小叶都变黄色了，果子也很细小，显得弱不禁风的。

哥哥动作敏捷，抢占了高大的阳桃树。东东只好守着矮小的阳桃树，挑了几个颜色青黄润绿的像小孩拳头大小的阳桃。东东把阳桃洗净后，切除带有涩味的棱边，横向切开后，切面如五角星。她把"五角星"放进嘴里一尝，皮肉脆软，初食时味酸，而后味却甘甜。

东东正吃得津津有味的时候，哥哥灰溜溜地走进屋，泄气地说："不好吃，又酸又涩。"外婆莞尔一笑，意味深长地说："俗话说人不可貌相，阳桃也一样。不是看果的大小，小的阳桃在味道上和营养上并不逊色于大的阳桃，所以不必一味追求大的果实。"哥哥问："外婆，您能让这棵高大的阳桃树结出甜的果实吗？"外婆摇摇头说："没办法，因为品种不一样。阳桃分为酸阳桃和甜阳挑。这棵酸阳桃果实大而酸，俗称'三稔'。而这棵甜阳桃的果清甜无渣。"

东东说，等阳桃果实长到拇指大小时就要用塑料袋包着果实，以防果蝇的危害。果蝇喜欢吃黄皮、杧果、龙眼、荔枝等200多种瓜果，它体形像蜂，村民称它为"针蜂"。最让村民头疼的是它的繁殖能力非常强，喷洒农药都难以达到理想的效果。因为它的卵通过尾针产在果皮内，用肉眼难以发现卵块。被果蝇刺过的果子，有的长不大，有的腐烂。即使不腐烂，刺伤处也会凝结着流胶，畸形下凹，果皮硬实而且味苦涩。

眼前满树星星点点的阳桃花，让我想起辛弃疾曾经为阳桃写下的词："忆醉三山芳树下，几曾风韵忘怀。黄金颜色五花开。味如庐橘熟。贵似荔枝来。"阳桃树开花观赏性强，果实味道清甜，是岭南佳果之一。

[**观察思考**]

    1. 阳桃的五条棱边是什么味道的？

    2. 喷洒农药为什么不能有效地防止果蝇的危害呢？

紫苏：相伴一生的植物 潘艳华

中文名:
紫苏

拉丁学名:
Perilla frutescens

别称:
桂荏、白苏、赤苏、红苏、黑苏、白紫苏、青苏等

科:
唇形科

属:
紫苏属

　　我的菜园里长期种着紫苏。这些紫苏，不用每年特意种上去，只需第一年种上了，以后年年都会长出一大片，无需特别照顾，竟也长得蓬蓬勃勃，生机盎然。

《楚语》有云，楚水边有香草，其名紫苏。紫苏与众不同，有独特的芳香清甘之味。紫苏是一种香料，也是一种草药。

紫苏是一年生草本植物。每年开春，菜地里的紫苏种子便在地里自然地生根发芽了。一场春雨过后，它一下子就拔高了。紫苏茎方，其叶圆而有尖，四周有锯齿，叶面叶背皆亮紫色，在绿意盎然的菜地里显得特别地亮眼。

夏天，紫苏生长正值旺盛，也是最适合采摘之时。采摘时掐断其新出的嫩枝后，它又会长出新枝，这样不断地采摘，不断地长新枝，紫苏的植株便会长得很高很粗壮，可高达一米多。夏末，紫苏的枝条上开出了细细的淡紫色的花朵，一串串的花小巧玲珑，清新淡雅，别具韵味。

秋天，紫苏的小花朵渐渐凋谢，开始结籽了，秋风一吹，小小的籽儿便随风飘散，来年，这里又会长出一大片的紫苏。这时的紫苏叶也开始慢慢地变老，趁还没枯萎，把叶子和嫩条摘下来，晒干放在冰箱留着冬天煮鱼肉时用。

对于紫苏这种念之有香气、食之有香味的植物，我情有独钟。自小妈妈就用紫苏烹饪菜肴，紫苏焖鱼、紫苏炒田螺、紫苏蛋花汤等，如今每当想起来，都会垂涎三尺。还记得我小时候体弱多病，经常感冒，妈妈就会从菜园里摘几片紫苏嫩叶煮汤让我喝下，或者拔起几株紫苏根，熬水给我洗澡，感冒很快就会好起来。紫苏的味道就是小时候的味道，紫苏独特而浓郁的香味，陪伴着我长大。以至于现在只要家里有可种东西的地方，我总要种上几株紫苏，餐桌上也总少不了紫苏，有紫苏相伴的日子，才感觉过得温暖踏实。

[观察思考]

1. 紫苏是一年生还是多年生草本植物？

2. 紫苏可搭配制作什么菜肴？

奇趣
植物园

二 植物的智慧

植物也有生存的压力，为了不被大自然淘汰，它们要不断地改变自己来适应环境。比如：微甘菊把茎盘绕在比自己高的植物身上；又叶木选择在老树干上开花，结出硕大的果实。你如果了解了植物的智慧，就能发现，原来一棵小草也有其独特的适应环境的生存方式。

木棉：奇怪的英雄树

何海天

中文名：
木棉

拉丁学名：
Bombax ceiba

别称：
红棉树、英雄树等

科：
锦葵科

属：
木棉属

　　我站在校门口，抬头望着一棵高大的木棉树，此时正是三月，光秃秃的枝丫无声地伸向天空。

这是一种奇怪的植物，说它奇怪，是指它在开花之前必先落叶。所以，我们能看到的木棉花都是开在赤裸裸的枝干上，满树火红的花朵那样醒目，那样灿烂，先落叶后开花，真是奇怪的现象！

另一个奇怪之处是木棉树的枝干上长满了圆锥形的刺，而且，越靠近底部，刺越是粗大。它长出那么粗壮的刺有什么作用呢？当我想起它的兄弟——美丽异木棉的枝干时，我突然明白了，它们是为了保护自己。原来木棉树小时候的枝干跟美丽异木棉的枝干一样也是绿色的，这必然会引起草食动物的啃食或擦撞，比如山羊、鹿，这些动物眼里只有绿色，凡是绿色的物体都要啃一啃。俗语说"人要脸，树要皮"，没树皮，树可活不了。为了保护自己的皮，木棉树和美丽异木棉进化出刺来。这也可以解释为什么木棉树长得越大越高，刺却越来越少。因为长大了的木棉树枝干已经变白了，绿色褪尽，已经

不再引起草食动物的兴趣了，也就没有必要长那么多的刺了。

让人惊叹的还有木棉树的繁殖策略，它拥有硕大厚重的花朵、硕大的果实、但种子却如芝麻般大小。为了让种子散播得更远一点，成熟时，木棉树利用蒴果的爆裂之力，将种子弹射出去。为了充分利用风力，木棉树开花后有棉絮，每一团棉絮承载几颗种子，随风飘散，飘到哪里就在哪里生根发芽。木棉树的繁殖策略真高明！

木棉花是广州市市花，木棉树被称为英雄树。什么是英雄？说到英雄，浮现在人们脑海里的是勇敢、威武有力、坚强不屈、不向恶势力低头的形象，而木棉树恰恰有这些特征。它的花开得鲜艳却又不媚俗，花朵的颜色红得像英雄的鲜血染红了树梢，它强壮的躯干、顶天立地的姿态，像英雄般屹立不倒。

[观察思考]

1. 木棉树身上的刺有什么作用呢？

2. 木棉树的蒴果爆裂有什么用呢？

旅人蕉：草本植物的『硬汉子』 何海天

中文名：
旅人蕉

拉丁学名：
Ravenala madagascariensis

别称：
旅人木、扇芭蕉、孔雀树等

科：
鹤望兰科

属：
旅人蕉属

　　每一个初次见到旅人蕉的人，都会在心里面感叹一句："好大的一把折扇！"旅人蕉，不是我国的本土植物，它原产于非洲马达加斯加。

旅人蕉外貌独特。假如把它的高度平均分成三份的话，那么露出的茎占三分之一，叶子的柄占三分之一，叶子占三分之一。硕大的叶子像芭蕉叶一般，它的叶柄一根根紧紧地拼接在一起，互相咬合，如叠罗汉般斜着生长，这模样让我想起古罗马战士的头盔和嬉皮士的发型。

旅人蕉虽然拥有一副庞大的身躯，却是草本植物。旅人蕉各部位坚硬致密，丝毫不像其他草本植物那样柔弱纤细，看来它是草本植物中的"硬汉子"啊！

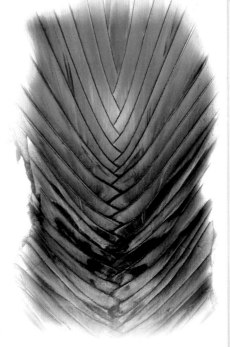

据说，荒漠中的旅人口渴时只要剖开它叶柄的根部，水就会如泉水一般涌出，甘甜无比，旅人蕉名字由此而来。这是真的吗？我不禁怀疑，因为我看到它的叶柄根部互相紧紧地挤在一起，没有任何盛水的空间啊！为了解开疑问，我拿出一把螺丝刀，用力地瞄准叶子根部插进去，钻了个小洞。顿时，从这个小洞里流出一股液体，液体沿着叶柄拼接处呈"之"字形往下流。

　　那么，它是如何把水藏住的呢？秘密就是叶柄上面的一条缝，这条缝从叶子一直延伸到叶柄基部。我用手指抠了抠，把缝掰开，这才发现里面有好大的空间，一直到基部跟其他叶柄咬合，每一根叶柄紧紧咬合在一起，水就不会侧漏出来，乖乖地留在空隙里。当我细细探究，发现了园艺工人砍断它的叶柄横截面时，顿时明白里面为什么有那么多水了，原来除了那空隙外，整条叶柄都是蜂窝结构，从上到下，就像无数根中空的竹子绑在一起，水就储藏在这些空间里。

　　为什么要在叶柄基部储藏那么多超出它所需要的水分呢？这是因为旅人蕉生存的地方是热带或半荒漠地区，这些地方都有明显的雨季和旱季之分，雨季后，意味着要熬过漫长的旱季。再说，你看那硕大无比的蕉叶就知道它是"用水大户"了，不多储备些水怎么行呢？于是，它们利用自己发达的根系和在雨季储藏的大量水分度过漫长的旱季。

草本植物一般是茎内木质部不发达，茎干柔软，植株较小。旅人蕉却打破了传统，成为草本植物中的"硬汉子"。

[**观察思考**]

1. 为什么说旅人蕉是"硬汉子"？

2. 旅人蕉把水藏在哪里？

十字架树：爱走偏锋的怪侠

何海天

中文名：
十字架树

拉丁学名：
Crescentia alata

别称：
叉叶树，叉叶木等

科：
紫葳科

属：
葫芦树属

　　当我们在华南植物园的稀树草坪上发现十字架树的时候，我们都感到非常幸运，因为，十字架树在中国很难见到，是植物界大名鼎鼎的"老茎开花"的代表。

81

十字架树属紫葳科葫芦树属，是非常怪异的植物。

第一怪是叶子怪。主叶脉粗大，非常明显，叶子很小，裂变成树叉状，所以它又叫叉叶木。更奇特的是叶柄，很难找出它的叶柄长在哪里。为什么呢？原来它的叶柄长出"宽翅膀"，伪装成树叶状了，很难判断出哪片是叶柄。而整片叶子看起来像十字架！这就是它名字的由来，这种形状深受传教士喜欢，于是去到哪里就把这种树种到哪里，19世纪由传教士把叉叶木传入中国。

第二怪是花怪。首先，花长的地方怪，它的花不像其他树木一般，长在年轻的枝条上，而是长在老树干上，花开得密密麻麻，分布在老树干上的任何一个位置。花瓣更怪，大而软，不开裂，桶状，像不开裂的悬铃花。而且花蕊怪异地不长在花的正中间位置，而是侧向一边。这又是为什么呢？

要说清楚这个问题就不得不提第三怪——花的开放时间怪，叉叶木的花白天闭合，晚上才盛放！所以我们白天看到它的花都是软绵绵、病恹恹的。这就奇怪了，大多数植物都是白天开花、晚上闭合的，而它却偏偏相反。原来，它是少有的靠蝙蝠传粉的植物之一！晚上才是蝙蝠活动的时间，晚上开花就是为了吸引蝙蝠。蝙蝠体形比较大，所以花瓣要长得大，花蜜从花瓣的底部分泌出来，蝙蝠要吃到花蜜，就必须往花的里面挤，所以叉叶木就把花蕊往旁边挪位，让出空间给蝙蝠，蝙蝠在吸蜜的时候同时也完成授粉。

第四怪是果实怪。果实也是长在老树干上，直径5~7厘米，球形，像圆形炮弹，故也有人称它为炮弹树。它的果实虽然并不算大，却坚硬无比。经测算，需要有200千克的咬合力才能咬开它坚实的外壳！因此，它的果实往往能在树上待到"瓜熟蒂落"，而无动物采摘。果实掉在地上，一个月后才会慢慢地变红，并且散发出香味来。这是果实催熟剂在起作用，目的在于软化坚硬的果壳和吸引动物来咬开果壳，帮它播撒种子。

看着这外表平凡，实则怪异无比的十字架树，不得不赞叹大自然造物之奇妙啊！

[观察思考]

1. 十字架树"怪"在哪里？

2. "老茎开花"有什么生存优势呢？

褐斑伽蓝：
叶片截断仍发芽

郭桂梅

中文名：
褐斑伽蓝

拉丁学名：
Kalanchoe tomentosa

别称：
月兔耳、玉兔耳等

科：
景天科

属：
伽蓝菜属

　　多肉植物常被亲昵地称作"肉肉"，很重要的一个原因是其叶子已高度肉质化，大部分的多肉植物叶子都是又肥又大又光滑，但其中有一些品种却浑身都长着"毛"，月兔耳便是其中的一种。

　　褐斑伽蓝俗称月兔耳，顾名思义是因为它长得像小兔子的耳朵。白色的绒毛就长在长梭形的叶片上，叶子的边缘有红褐色的纹路。褐斑伽蓝的叶片是对生的，新老叶的颜色不一样，新叶子是金黄色，老叶子是微微黄褐色的。

月兔耳属于景天科伽蓝菜属，它喜欢阳光充足的环境，且一般情况下不容易发生病虫害。它喜欢稍微干燥的土壤，像所有的多肉植物一样，也不能给它浇太多的水。

其实，月兔耳属于兔耳系列大家族，这个大家族里有许多相似的品种，比如说，千兔耳、黑兔耳、达摩兔耳、孙悟空兔耳、福兔耳等。如果要在各植物家族间进行比大小，兔耳家族没优势。但是它们有一个神奇之处，那可是谁也比不过的，你知道是什么吗？

下面我们就来揭晓兔耳家族的神技。对多肉植物有所了解的人都知道，多肉植物的繁殖以叶插、砍头和播种这三种方法为主。叶插是三种方法中最常用、最实用的一种，这种繁殖简易快速，使许多"肉肉"都变得亲民。

但是一般来说，叶插有一个必要条件，就是要保留叶片的生长点，新芽就是从生长点长出的，如果叶片被拦腰截断，那就无法生长了。同样毛茸茸的熊童子的价格

一直居高不下，原因就是它的叶片很难连同生长点摘下，我曾尝试过好多次都无法成功。

但是，对月兔耳来说，繁殖真是太简单了，一片叶子就能繁殖一大片后代了。把叶片分割成两三段，然后将叶片平铺在土壤上，不管有没有生长点，它照样能生根发芽。就算你把它"千刀万剐"，隔不了多久，它又长成一大片。

虽然同样长毛的多肉植物有很多，比如碰碰香、锦晃星、青渚莲、紫牡丹、白毛掌等，但如此独特的繁殖方式唯兔耳家族独有。

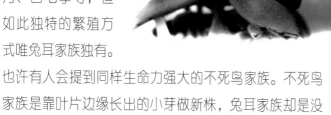

也许有人会提到同样生命力强大的不死鸟家族。不死鸟家族是靠叶片边缘长出的小芽做新株，兔耳家族却是没有生长点照样可以长新芽。

月兔耳不但长得萌，而且有吸收辐射、净化空气的功能。你可以把这长了毛的"兔耳朵"放到书桌上，当然，别忘记要定时给它晒晒太阳。

[观察思考]

1. 你身边还有类似的长"毛"植物吗？

2. 试着和爸妈一起动手种植一棵月兔耳吧！

海芋：我被红耳鹎偷吃过

潘艳华

中文名：
海芋

拉丁学名：
Alocasia odora

别称：
巨型海芋、滴水观音等

科：
天南星科

属：
海芋属

　　我每天上下班的路上，都会经过一条河涌，涌边生长着一片生机勃勃的海芋。我的目光总是被那叶子绿得发亮且极富生命力的海芋吸引，在炎炎夏日里从它们身边经过，总有一种清凉舒适的感觉。

海芋，天南星科海芋属，多年生草本植物，具匍匐茎，也有直立的地上茎，茎干粗壮古朴，叶柄螺旋状排列生长，托起一片片肥大的叶片，叶片宽大厚实像把大扇子，墨绿色的叶子聚生于茎顶，昂然挺拔，充满生机。

海芋又叫滴水观音，一是因为在温暖潮湿、土壤水分充足的条件下，它的叶子会滴水；二是因为海芋的肉穗花序，淡黄色的有上下两截，雌花在下，雄花在上，外有一大型绿色的佛焰苞，如同观音坐像。

海芋会开花，也会结果，其鲜红的果实在硕大的绿叶衬托下，十分吸引眼球。果实看起来像一根小玉米棒子，由一颗颗黄豆般大小的红色果粒组成，晶莹剔透，让人垂涎欲滴。可是，海芋全株有毒，不要触碰，更不要食用，大家千万不要被它美丽的外表所迷惑了。

但是，有一次我从海芋丛边经过时，发现海芋的果实被吃掉了一半，而且不止一棵海芋被吃了。看到这我心里焦急万分，海芋的果实是有毒性的，是不是哪个贪吃的小孩抵挡不住诱惑偷吃了呢？现在他怎样了呢？正在我担心之时，听见

了几声轻快悦耳的"布比、布比"叫声，凭借多年的观鸟经验我知道是红耳鹎来了，它是广州地区的留鸟，常成群结队地在树林或灌木丛中活动。这群红耳鹎飞来，稀稀拉拉地停歇在旁边的构树上，有些在啄食构树鲜红的果实，有些则停在海芋上，一下又一下啄食起海芋的果实来，不一会儿，那饱满多汁的果实被啄食过半。看着这些红耳鹎熟练灵巧的动作，我的谜团终于解开了，也暂时安心了。过几天又发现一些果实被啄食得只剩下光杆了，我知道红耳鹎又美餐了一顿。后来请教了一位当地的同事从而得知，鸟类的消化系统与人类的不同，虽然人吃了海芋的果实会中毒，但那果实却是鸟儿的美食。而且鸟儿吃了海芋的果实后，通过排泄，能把种子传播出去。所以在我们身边随处可见海芋的身影。

　　这正是大自然的智慧所在，外在看起来简单，却有许多巧妙的生存策略隐藏其中，真是出人意料啊！

[观察思考]

　　1. 海芋为什么也叫滴水观音？

　　2. 海芋有着怎样的生存策略？

变叶珊瑚花：
外柔内刚　林焕棠

中文名:
变叶珊瑚花

拉丁学名:
Jatropha integerrima

别称:
琴叶珊瑚、琴叶樱、日日樱等

科:
大戟科

属:
麻风树属

　　小学科学课会学习植物的繁殖知识，每次讲花的分类知识时，我都会选各种不同的花带到课室让学生辨别。

　　根据花的构造，花可以分为完全花和不完全花。在一朵花中，花萼、花冠、雄蕊、雌蕊四部分都齐全的，叫完全花，例如朱槿、羊蹄甲等。不完全花，是

指在一朵花中，花萼、雄蕊、雌蕊、花冠四部分，缺少一至三部分的，例如南瓜花、黄瓜花等。我以前选不完全花时，会选变叶珊瑚花。但一次皮肤过敏的经历让我不再采摘了。

变叶珊瑚花又称琴叶珊瑚花，选择琴叶珊瑚的首要原因是它的单性花容易辨别。琴叶珊瑚的花属于聚伞花序，5片红色的花瓣，雌花和雄花长在同一株，但各自生长在不同的花序上。雄花有10枚雄蕊，分成两轮，外轮花丝有一点合生，内轮花丝合生到中部。雌花比雄花大一点，基部合生三条花柱，每条柱头开裂成两边。第二个原因是容易找到，我国南方的园林或庭院中多有栽培，学校和公园、小区都有很多。第三个原因是它的花期特别长，从春季至秋季都开花。

那次我像往常一样带着剪刀和篮子去采摘琴叶珊瑚花。琴叶珊瑚紧靠着墙长得很茂盛，挨挨挤挤。它的枝条纤细，叶形酷似一把琴，而且花形长得像樱花，花期又长，所以又叫作日日樱、琴叶樱。微风一吹，一排琴叶珊瑚都在舞

蹈，琴形的叶子"沙沙"地伴奏着。而"舞者"当中"女"多"男"少，很难找到几簇雄性花。剪花枝时，一不小心，沾到了枝条横切面流出的白色浓稠乳汁。过了一会儿，沾到乳汁的皮肤开始奇痒无比。我赶紧用清水冲洗，但皮肤还是红肿了一大片。

一查资料让我大吃一惊。琴叶珊瑚为了保护自己，所以其枝条含有有毒的乳汁。人的皮肤一旦触碰到乳汁会出现水泡或脓疱，乳汁对眼睛也会有伤害。如果家畜误食了落叶，常会造成口部严重起泡。我真后悔，以后再也不敢把它带到课室了。

琴叶珊瑚外柔内刚，美貌与智慧并重。它用鲜艳的红色吸引昆虫为它传粉，同时，为了避免成为动物的食物，它用有毒的乳汁来保护自己。

[观察思考]

1. 怎样区分琴叶珊瑚的雌花与雄花？

2. 琴叶珊瑚的哪些部位有毒？

鬼针草：
有很多秘密武器

林焕棠

中文名：
鬼针草

拉丁学名：
Bidens pilosa

别称：
金盏银盘、白花鬼针草、
三叶鬼针草

科：
菊科

属：
鬼针草属

永远不要小看任何一种植物，尤其是那些外表弱不禁风却隐藏有秘密武器的品种，例如鬼针草。

　　它的重要武器就是它名字中的"鬼针"。单看它纤细可爱的外表，你很难对它有防备之心。有一次我在田埂边拍蝴蝶照片，田埂边长满了这种开着小白花的草。菜粉蝶和酢浆灰蝶都爱停留在它的花朵上。我举着相机慢慢地靠近，蝴蝶时而在鬼针草的头状花序上舞蹈，时而在白色椭圆形的舌状花上踏步，时而在中间橙黄色花盘来回转动，让我不停地按下相机快门。拍完后，我发现鬼针草已用它独特的方式来对我表示不满——黑色的"针"状果实沾满了我的鞋子、裤子、衣袖，连相机的带子上也沾了不少。

　　我慢慢把身上的"针"拔下来。每一根"针"里有一颗种子。我把果实捧在手上仔细端详，条形的果实约2厘米长，前端两个刺芒尖尖的，怪不得可以轻而易举地沾在我身上。每棵鬼针草能长3000～6000颗果实，而且果实没有休眠期，成熟后落地即可萌发。

　　除了"鬼针"它还有一个武器，就是释放化感物质。这是何等先进的武器呀！有的植物通过向环境释放特定的物质，从而对邻近其他植物的生长发育产生有益或有害的影响。而鬼针草当然是利用化感物质达到入侵的目的。

鬼针草属于外来入侵杂草。外来物种入侵是指生物物种由原产地通过自然或人为的途径迁移到新的生态环境。它繁殖能力之强、侵占速度之快令本土植物无力还击。它靠的就是通过释放化感物质抑制其他植物生长，而自己就长成一大片。一旦大量出现外来入侵植物，会造成生物多样性减少，严重威胁到本土植物的生存，对农林业生产和生物多样性都带来极大危害。但化感物质既有坏处也有益处，其在农作物增产、森林抚育、病虫害防治等方面有重要的应用。

大家真的不能小看鬼针草哦！

[观察思考]

1. 鬼针草的秘密武器有哪些？

2. 能擅自把外国的植物带回我国种植吗？为什么？

微甘菊：可憎可恶的杂草

林焕棠

中文名：
微甘菊

拉丁学名：
Mikania micrantha

别称：
小花蔓泽兰、小花假泽兰等

科：
菊科

属：
假泽兰属

美如大家闺秀的微甘菊，为什么会成为"过街老鼠，人人喊打"，落得如此令人讨厌的地步呢？

首先来见识一下微甘菊的霸道。它喜欢缠绕在其他植物身上，把其他植物包裹得严严实实的，开满白色的花，散发出淡淡的香味。它不耐阴，喜欢阳光，所以必须攀缘缠绕在其他植物上，抢夺尽可能多的阳光。被它缠绕的植物叫附主。它重压在附主的树冠顶部，阻碍附主植物的光合作用，然后导致附主死亡。所以微甘菊是世界上最具危害性的植物之一。高度在8米以下的树种都可能成为它的附主，在微甘菊生长的地方，总能找到被它缠死的植物。我在野外观察时，曾经见过被微甘菊压塌了的小叶榕，被微甘菊遮盖得不见天日的福建茶，被微甘菊缠得蜷缩着叶子的扶桑……

微甘菊还是一个旅行家，去一个地方就安一个家。它原产于南美洲和中美洲，现已广泛传播到世界各地了。据报道，大约在1919年微甘菊作为杂草在中国香港出现，1984年在深圳被发现，2008年已广泛分布在珠江三角洲地区。它已被列为世界上最有害的100种外来入侵物种，也被列入中国首批外来入侵物种。微甘菊之所以能广泛传播，是因为它"旅行"的方式可多了，种子又小又轻，而且基部有冠毛，能借风力、水流、动物和人类的活动远距离传播。

有学者称微甘菊为"一分钟一英里的杂草",一点也不夸张。首先是因为它的生长周期很短,很快能繁衍下一代。微甘菊从花苞到盛花期只要5天,开花后用5天完成受粉,种子成熟也只需要5~7天。接着,种子又开始新一轮传播。其次,它开花的数量多得惊人。0.25平方米面积内,能开八万至二十万朵小花。此外,微甘菊还可进行无性繁殖,茎上的节点很容易生根,伸入土壤吸取营养,每个节的叶腋都可长出一对新枝,又形成独立生长的微甘菊,这些植株生长速度比由种子发芽的植株快得多了。如此快的繁殖速度,真令人惊讶!

[观察思考]

1. 微甘菊能传播到那么多地方,它靠的是什么能力呢?

2. 为什么大家会这么讨厌微甘菊呢?

昙花：
月下美人非我莫属

潘艳华

中文名:
昙花

拉丁学名:
Epiphyllum oxypetalum

别称:
琼花、月下美人、昙华、月来美人、
夜会草、鬼仔花等

科:
仙人掌科

属:
昙花属

　　看见好友发朋友圈，说她家的昙花开了，点赞之余我留言说好遗憾未能亲眼看见，想不到她回复我说家中还有五个花苞估计今晚会全开，邀请我一起欣赏美丽的"昙花一现"。

晚上 9 点钟我来到了朋友家，朋友摆上香茗、水果、点心，热情款待。阳台上的这株昙花已养了十几年，近几年每年都开花。只见这株仙人掌科的昙花高约1米，老茎成圆柱状，已木质化，茎上有一层蜡质，有四五条分枝，叶状变态茎扁平粗糙，深绿色，看起来毫不起眼。昨天开过的四朵花耷拉着垂在枝侧的小窠上，另外五个硕大的淡绿色的花苞优雅地挂在枝叶上，花苞微鼓，洁白的花瓣薄如纸，筒裙似的萼片微微向外翘。夏夜的月光如水银般倾泻下来，笼罩着这娇美的花骨朵，令人陶醉，我想昙花绽放时肯定是更让人痴迷。

月下，花香茶香萦绕着我们，谈笑间到了9点半，此时昙花的花苞鼓得更大了，像憋足了劲要往外撑，撑得花苞外的褐色细长的萼片反翘起来，像一个欲飞冲天的仙子。花苞越来越鼓胀，花瓣慢慢地向四周绽放，米黄色的花蕊也迫不及待地向外探出头来，伴随缕缕的清香四散开来。10点过后，随着萼片的不停颤动，昙花终于向我们展示了它的容颜。20多片洁白的花瓣玲珑剔透，娇媚地舒展着腰肢，飘飘然，如梦如幻般，恍若白衣仙女下凡，多么娇媚、多么诱人的"月下美人"啊！我们呆呆地看着，完全被它的美丽征服了。

不一会儿，清香散去，花苞慢慢闭合，花朵凋谢了。

为什么"昙花一现"都是在晚上八九点，而且只开那么短短的一会儿呢？一是与温度有关，昙花的原产地在热带沙漠地区，那里白天气温特别高，娇嫩的昙花为避免白天强烈的阳光炙烤只能选择在晚上开放，以减少水分的蒸发；二是与昙花是虫媒花有关，沙漠晚上八九点正是昆虫活动频繁之时，利于传粉，此时温度、湿度均适宜昙花开放，但是到了深夜，随着气温降低，昙花便慢慢凋谢了。因此，昙花在漫长的进化过程中逐渐形成了这种夜间短时间开花的习性。

[观察思考]

1. 昙花为什么在晚上八九点开放呢？

2. 你见识过"昙花一现"吗？不妨试试种一株昙花吧。

秘鲁天轮柱：
柔美的『巨人』

江洁钟

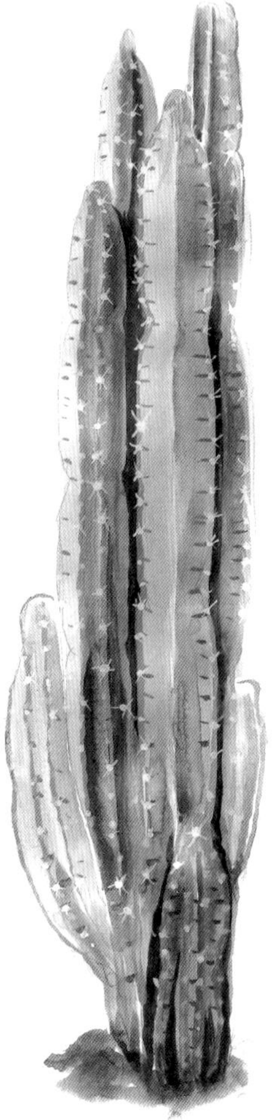

中文名:
秘鲁天轮柱

拉丁学名:
Cereus hildmannianus
subsp.uruguayanus

别称:
天轮柱等

科:
仙人掌科

属:
仙人柱属

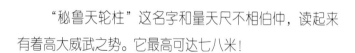

"秘鲁天轮柱"这名字和量天尺不相伯仲，读起来有着高大威武之势。它最高可达七八米！

103

三年前的夏天，秘鲁天轮柱正式"进驻"我家阳台。起初它只有50厘米高，全身都是深绿色，圆柱形的茎粗10厘米，有6条棱，棱上每隔2厘米左右长着刺，看它粗壮矮小的样子，总感觉和"天轮柱"这个名字格格不入。

想必这个小家伙酷爱阳光，于是我把它放在西边没有植物遮挡的位置，让它每天尽情沐浴阳光。经过我几个月的悉心照料，它似乎长高了些。它在原来长刺儿的地方冒出一个小小的圆包，只有绿豆般大小。没过几天这个小圆包长出了长柄，头上顶着约6厘米长的椭圆形花苞。一个星期后，花苞变成了有20厘米长的漏斗形，花苞萼片处渐渐变红。

一天早上，我发现粉红色的萼片缺少了新鲜饱满的感觉。三四天后，花朵简直就是失去水分，变得干瘪发黑。第五天，花柄掉落了。看来，是我错过了开花的时间，摆了一个大乌龙，它一定是在晚上悄悄开了花又谢了。

几个星期后，秘鲁天轮柱又冒出了两个花苞，来了一对"双胞胎"！一个星期左右的时间，花苞蓄势待发，我期待着它的盛放，这次我绝对不能错过了！大约是晚上8点，花苞似乎微微张开，探视着周围的环境。直到晚上12点左右，花朵傲然开放。只见花朵呈伞形，外面是粉色的萼片，花瓣像雪白细嫩的羽毛，中间是雌蕊，周围有密密麻麻的雄蕊包围着。黑夜里，洁白的花朵傲然挺立，岂是一个"美"字了得！盛夏皎洁的月光洒满一地，夜里凉风轻轻吹拂，高大的秘鲁天轮柱展示出柔美的一面。虽然它的花只开放了 4 个多小时，但这亭亭玉立又不失霸气的花朵深深地吸引着我。

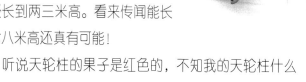

在种植天轮柱的第二年，它长高到1.5米。不过好景不长，一场台风让笔直的天轮柱倒下了，当时着地的部分给压坏了。幸好它非常坚强，受伤的部分虽然不会再长出花来，但它还是会长高，在其他位置再开花。今年是第三个年头，它已经长到两三米高。看来传闻能长到七八米高还真有可能！

听说天轮柱的果子是红色的，不知我的天轮柱什么时候结果子呢？

[观察思考]

　　1. 秘鲁天轮柱是什么时候开花的？

　　2. 秘鲁天轮柱喜欢阳光吗？

奇趣
植物园

四 与植物一起玩

植物园里有什么好玩的呢？如果你全身心地投入到大自然中，会发现那是一个趣味无穷的游乐场。叠两片叶子吹一首曲子；用牛筋草打个结比赛拔河；摘桑叶喂蚕；吃桑葚解馋；在山上摘一篮又一篮的山棯子，满载而归……

桃金娘：
『殊甘美』的果子

潘艳华

中文名：
桃金娘

拉丁学名：
Rhodomyrtus tomentosa

别称：
山棯子、岗棯、山棯、多莲、当梨根、
豆棯、仲尼、乌肚子等

科：
桃金娘科

属：
桃金娘属

　　苏东坡在《海漆录》卷五云："吾谪居海南，以五月出陆至藤州，自藤至儋，野花夹道，如芍药而小，红鲜可爱，朴薮丛生，土人云倒棯子花也。至儋则已结子如马乳，烂紫可食，殊甘美，中有细核，并嚼之，瑟瑟有声。"今天我们就来说说其文中被赞"殊甘美"的果子——桃金娘。

民间称桃金娘为山捻子，有时也叫岗捻子、豆捻、多莲、仲尼等。它是四季常青的灌木，高1米左右，在南方的山上很常见。

说起山捻子，就不得不说说我的童年，我的家乡。

四月捻花开，八月捻果甜。四月的家乡山上怒放着一树树的山捻花，漫山遍野，灿若红霞。浅白粉红的山捻花，单生于叶腋，乍一看有点像桃花，却又比桃花更具自然朴实之美。看着山捻花开了，我们就天天盼着山捻子果成熟。

秋天，山上的山捻子果熟透了，这时的山野也热闹起来。

据说清晨的山捻子果特别甜，于是天刚刚露出鱼肚白，一拨拨的小伙伴们早已爬上山头，迫不及待地摘下一个个红得发紫、紫得透黑的山捻子果。山捻子果是越黑越甜的，于是我们专挑黑色的果子摘。果子里的果浆像蜜一样甜，里面很多细细的籽，嚼起来"瑟瑟有声"，非常有趣而美味。但有一样东西是要用舌头挑出来的，那就

109

是山捻子果的芯，白色，像小虫子。大人说芯吃多了会便秘，但是我们哪管得了那么多，一顿狼吞虎咽，最后吃到肚子圆鼓鼓的，难受得拉不出大便来。于是大人会让我们喝很多的盐水，肠道才好受些。后来我们再也不敢胡乱吃了，都会小心翼翼地把山捻子果的芯给吐出来。

整个农历七八月，我们基本上都在山上摘山捻子果，摘了一袋又一袋，一篮又一篮，直到满载而归。这段日子，我们的手是黑的，舌头是黑的。大人们会用山捻子果酿成酒，逢年过节会拿出来招待客人。

如今，我远离家乡，但仍牵挂着家乡的山捻子，所以每逢中秋国庆假期，都会回到家乡。虽然不再爬上山头去摘山捻子，但总会在集市里买上一些，毕竟这野果承载着我满满的童年回忆呢！

[观察思考]

1. 什么颜色的山捻子最甜？

2. 山捻子吃多了会便秘，怎么办呢？

桑：
都是桑葚惹的祸

林焕棠

中文名:
桑

拉丁学名:
Morus alba

别称:
桑树

科:
桑科

属:
桑属

　　一提到桑树，大家都会想到桑葚。我小时候曾经被桑葚害得哭笑不得。

　　小时候，我和小伙伴都爱养蚕，蚕喜欢吃桑叶，在离家较远的一个堤坝边有一排桑树，没见过树的主人，所以我们都觉得那是野生的，属于大家的。放学了我们就背着书包直奔堤坝去。桑树是乔木或灌木，一般高3~10米，我们爬上树坐在树杈上，伸手摘身边够得着的桑叶，要摘不太老又不太嫩的，装满一大袋，不但要给自己的蚕吃，还留一些第二天拿回学校送给同学。

蚕宝宝的食量很大，因此我们摘桑叶也特别勤快，蚕也长得很肥壮。蚕的一生要经历蜕皮、吐丝、作茧、化蛾、产卵等过程，每一个过程都值得我们期待。在很早的时候人们就用蚕茧来制成各种纺织品，因为蚕丝非常柔软，用蚕丝做的衣服和被子舒适、透气、贴身，所以养蚕有很高的经济价值。而我们养蚕，只是为了欣赏它短暂而多变的一生。

　　我们不但摘桑叶，而且还品尝桑葚。桑葚属于聚花果，卵状椭圆形，长1~3厘米，表面凹凸不平。桑葚还没成熟时是绿色，逐渐变为红色、紫红色。终于等到桑葚成熟了，带有光泽的紫红色非常诱人。因为我们小时候的物质生活不丰富，没有什么零食，所以见到桑葚自然要饱餐一顿。桑葚的味道酸酸甜甜的，吃了还想吃，但吃得多的话，过一阵子就觉得牙很酸软。

　　吃饱了桑葚，我还不满足，想带些回去给弟弟吃。于是我继续坐在树杈上摘，摘多了没有地方装，就把桑葚放进衣兜里。回到家，弟弟已经在门口等着了，我兴高采烈地想给弟弟展示劳动成果，把手伸进衣兜一掏，只觉得里面湿湿糊糊的，拿出来一看，桑葚都烂成泥了。原来它像草莓一样地脆弱。弟弟当场就哭了，妈妈见状走了过来，说："看看你的衣服，全红了，自己负责洗。"唉，但是任我怎么洗，衣兜还是有一大片果汁印记。

李白在《春思》中写道："燕草如碧丝，秦桑低绿枝。"这是写一个妇女看着眼前枝叶繁茂的桑林，心中却惦记起远在燕地行役、久久不归的丈夫。而我，每到桑葚上市的季节，就想起儿时采桑养蚕的经历和那洗不掉的红色果汁印记。大自然就像一道无比绚烂的彩虹，桑葚为我的彩虹染上了酸酸甜甜的红色。

[观察思考]

　　1. 你尝过桑葚吗？它是什么味道的？

　　2. 你会背李白的《春思》吗？

蔊菜和车前：
我的发财草

林焕棠

中文名:
蔊菜

拉丁学名:
Rorippa indica

别称:
辣米菜、塘葛菜等

科:
十字花科

属:
蔊菜属

中文名:
车前

拉丁学名:
Plantago asiatica

别称:
猪耳草、车轮草等

科:
车前科

属:
车前属

　　小时候我最大的愿望是去游乐场玩，当时的门票是每人2角。每次经过游乐场，我都会在高高的护栏外面驻足遥望。游乐场里有两个用水泥做的滑梯，一高一矮。

孩子们都喜欢从高滑梯上滑下来，先坐在滑梯的顶端，然后双手离开两旁的扶手，像一阵风似的往下滑，孩子们的脸上高兴得像开了朵花。游乐园里还有一个旋转木马，我很想坐一坐那种装饰得很美的旋转木马。旋转木马很豪华，坐上去，男孩子好像成了威武的骑士，而女孩子好像是美丽而高贵的公主……我看得两眼放光，暗暗下决心要挣够买门票的钱，然后进去见识见识。

后来，我发现了一条"发财之路"。有一次我跟着堂姐去城市里的市场做小生意，发现城市里的人很喜欢买薢菜、车前草。薢菜、车前草是我们田野里常见的杂草，要多少有多少。于是，每到星期五放学，我和几个小伙伴就背着麻包袋去田里摘薢菜、车前草。

薢菜又叫塘葛菜，生长在菜地和甘蔗地的水沟旁边，在杂草中很容易辨认。薢菜的叶片边缘有浅齿，茎上部的叶向上渐小，多不分裂。"薢菜生鱼汤"最有名了，人们喜欢买老一点的薢菜来煲汤，觉得味道更好。所以我们专挑已经开花结果的薢菜。薢菜的花小，黄黄绿绿的，

长角果线状圆柱形。如果遇到嫩嫩的，就记住它的位置，等过一两个星期再去采摘。

车前草就生长在路旁、花圃、河边等地方。根茎短缩肥厚，像胡须一样的根紧紧地抓住泥土，拔的时候很讲技巧。因为叶子和花都是簇生在一起，如果拔断了，把根、叶、花分开了，人们就不喜欢买，所以要保留包括根在内的整株。我们紧紧地把叶子抓住然后使尽九牛二虎之力往上拔，一下子拔出来然后身体顺势往后倒，摔个面朝天是经常有的事儿。

我们把薤菜、车前草洗干净，每半斤捆成一把就拿去卖了，卖2角一把，很快就挣够几个人的游乐场门票。我们终于如愿以偿地进去了。几个人坐在滑梯的顶端，俯视着五光十色的游乐场，脸上也笑得像开了一朵花。

自从做起"卖草"的生意，我们就把游乐场里所有的付费项目都玩过了。

[观察思考]

1. 薤菜和车前草一般长在什么地方？

2. 人们为什么喜欢买老一点的薤菜？

牛筋草：我是最『牛』的

林焕棠

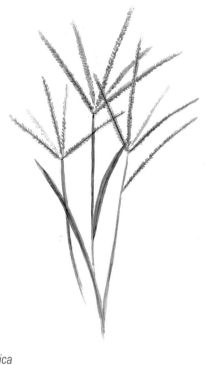

中文名:
牛筋草

拉丁学名:
Eleusine indica

别称:
蟋蟀草等

科:
禾本科

属:
穇属

你曾经玩过"斗牛筋草"吗？那是我小时候和伙伴们常玩的有趣的游戏。

玩"斗牛筋草"游戏需要挑选最强壮、最结实的牛筋草。最厉害的牛筋草要符合以下几个条件：一是秆要粗；二是选花序多的，一秆牛筋草一般有2~7个穗状花序；三是花序要长，最长的可达10厘米。选好了牛筋草，就把牛筋草的花序抓成一把打个结，这个结打得越结实越好。

接着就开始"斗"了，把牛筋草的结一个一个地扣起来，然后各自拉着自己的牛筋草秆使劲拉，"啪"一声，有的牛筋草结断了或散了，"斗"到最后谁的牛筋草既没散也没断的就算赢了。

不服输的，继续趴进草丛中寻找最"牛"的牛筋草。胜者乐不可支，往往会嘲笑对方是"妹子草"。"妹子草"就是"马唐"，它的草筋更小，草穗纤细比芝麻粒还小。比赛几个回合后，用来拔草的手掌就一片通红。只因牛筋草贴着地面，根系非常发达，紧紧地扎根于泥土之中，不易拔出。

牛筋草又叫蟋蟀草，因为它草筋细直，箭羽一样的

穗状花序在草秆顶上散开，只要扯住狭长草叶，"嘶"一声就可以轻轻撕下一根草筋。男孩子用它来斗蟋蟀，拔掉草穗，拔尖草筋就可以引导蛐蛐触角相斗。

我和女儿常在紫坭村的河堤散步，傍晚的夕阳映红了江水，也给周围的一切蒙上了一层橘红色的轻纱。河堤边的野草深长撩人，我停下脚步，和女儿细细观察，教她辨认牛筋草。

而后，我教女儿玩"斗牛筋草"的游戏。"啪"一声后，女儿举着获胜的牛筋草欢呼着，最"牛"的牛筋草在夕阳中舞动着。时光好像回到了从前——没有手机、电视，想要玩具，就到自然中去找。例如找根竹枝就在地里"藏金子"，用十颗石头玩"拾石子"。从前的童年时光不是在土里刨着，就是野草地里跑着，但也同样乐趣无穷。

[观察思考]

1. 如何区分牛筋草和马唐？

2. 为什么牛筋草又叫蟋蟀草？

熊童子：
萌熊也有坚韧的心

郭桂梅

中文名:
熊童子

拉丁学名:
Cotyledon tomentosa

别称:
绿熊、熊掌等

科:
景天科

属:
银波木属

　　大部分的多肉植物都恰如其名，叶片肥而厚，体形小而胖嘟嘟，能瞬间萌化你的心。

　　熊童子可算得上人见人爱的多肉萌物。小小的叶子，胖嘟嘟的，叶缘的顶部呈红褐色，像熊掌一样，这也是熊童子得名的原因。它又叫绿熊，其叶片肉质，互生，呈卵状，长2~3厘米。叶片是嫩绿色的，表面长着密生的白色短毛，看着就像刚出生的小熊的脚掌，人见人爱。

熊童子小巧，分枝多，可爱的造型和嫩绿的颜色让许多朋友都爱把它放在书桌、窗台、客厅，以装点生活。但是，如果你不了解它的脾气，很容易就会把它活活养死。与我们常见的植物不同，它是冬型种，生长旺季在冬天，生长适温为18~24℃。当夏季温度过高时就会休眠，其间叶子会缩小或落下。由于在休眠期它的根部也停止生长，故需减少给水，并保持良好的通风，否则会因土壤太湿而造成烂根。

冬季，熊童子在10℃以上都能良好地生长。因为它的叶片上有许多绒毛，所以给水时要小心，最好不要沾到它身上，以免感染病害，最合适的给水方法是浸盘。如果想把熊童子养肥，就要保持土壤适当干燥和给予它充足的阳光，不要隔着玻璃晒哦，会让它吸收不到紫外线的。

这萌物明明可以靠颜值赢取我的心，但它却偏用一颗坚韧的心俘虏了我。

九月的广州又闷又热，我网购的多肉植物在小小的快递箱子里待了半个多月，打开箱子后，发现不同品种的多肉植物皆出现不良状况，或是黑腐或是化水，大多数已经难以救活了，心里只能暗叹可惜。后来发现这熊童子虽然所有的叶子都掉光了，根也干枯得一碰即掉了，但茎还有那么一点绿色。于是抱着试一试的心态把这"光头司令"种到小盆里去。

眨眼半个月后，嘿，那小小的茎上居然有一抹新的绿色——长叶子了！天啊，它居然活了！

就这样，这熊童子便在阳台上安家了，而且越来越有活力，从"光头司令"到一片叶子、两片叶子，到现在已经开枝散叶——长了许多侧芽了。你无法想象这么一个萌物居然能在那么恶劣的环境下坚持这么久，继而迸发新的生机。

每每看着这萌萌的熊童子，想到它的重生经历，我便有充足的信心与力量去面对所有的困难和挫折。

[观察思考]

1. "熊掌"上长有"白毛"，你还见过其他类似长毛的植物吗？

2. 如果你手上也有一棵熊童子，你有什么办法让它能顺利度过潮湿、炎热的夏天？

凤仙花：你用我来染过指甲吗？

潘艳华

中文名:
凤仙花

拉丁学名:
Impatiens balsamina

别称:
指甲花、染指甲花、小桃红等

科:
凤仙花科

属:
凤仙花属

　　每年暑假回到家乡，在外婆家的屋后，总能看到一大片一大片的凤仙花。

这些凤仙花开得自由自在、绚丽烂漫。瞧，略带红色的茎秆，翠绿色的叶子，五彩缤纷的花朵，真是惹眼。红的、粉的、紫的、白的、杂色的……姹紫嫣红，满目芳菲，数了数，竟有九种颜色之多。有单瓣的，有重瓣的，真是壮观啊。这些花儿开在阳光下，像一只只蝴蝶在翩翩起舞，充满了生机。

凤仙花的叶子呈嫩绿色，两片互生，叶脉清晰，叶边上有小小的锯齿。茎秆长得比拇指还粗，它的茎肉质，肥厚多汁。主茎上长出许多旁枝，枝枝丫丫的叶柄上又密密麻麻地长满了花朵，花满枝丫，竞相绽放。花是腋生的，两三朵簇生于叶腋，花形奇特，难以形容。清代园艺学家陈淏子的《花镜》有云："花形宛如飞凤，头翅尾足俱全，故名金凤。"由此可见，凤仙花的形状像一只头足尾翅都向上翘的生气勃勃的凤凰，故此得名。

有些凤仙花的枝干上挂满一个个像棒槌似的东西，那是凤仙花的果实，成熟的凤仙花果实为尖卵形，用手轻轻一捏，果实瞬间就"爆炸"了，里面的种子像子弹一样飞射出来，吓人一跳。你知道吗？凤仙花的英文名就是"touch-me-not"，意思是"别摸我"。

凤仙花又名指甲花，你用它来染过指甲吗？记得小时候在房前屋后都种满了凤仙花，最令人难忘的事就是把凤仙花捣碎了染指甲，相信很多的女孩子小时候都玩过。白天挑些颜色最鲜艳、形状最完整的花朵摘下，晚上睡觉前把花朵捣烂，敷在指甲上，用布包好并用绳子缠好，第二天早上醒来解开，指甲是红色的，虽不及指甲油涂得那么明润鲜亮，却有一种自然朴素之美。其实如果在捣烂的花泥里加入白矾，反复敷上几次，指甲就真的是艳红如蔻丹了。元朝诗人杨维桢云："夜捣守宫金凤蕊，十尖尽换红鸦嘴。"那是多少女孩子爱美之心的写照啊！

[观察思考]

1. 凤仙花因何得名？

2. 你知道怎样用凤仙花染指甲吗？不妨试试吧！

含羞草：
你知道我怕羞的秘密吗？

潘艳华

中文名：
含羞草

拉丁学名：
Mimosa pudica

别称：
感应草、知羞草、呼喝草等

科：
豆科

属：
含羞草属

　　自从跟花草打上交道，我就经常带上女儿到郊外公园四处转悠，一起去看春花烂漫、秋叶飞舞，给平淡无奇的生活增添一些惊喜与快乐。有一个地方，是我和女儿的常去之处，那里生长着一片茂盛的含羞草。

周末，我们又来到了这里，一棵青枣树下有大片嫩绿的含羞草在等着我们。含羞草的叶子是羽状复叶互生，呈掌状排列，整整齐齐地排列在一起，像训练有素的士兵在列队欢迎我们。走近一看，哎！含羞草开花了，一朵朵粉红色的小花，毛茸茸的，又娇气又可爱，很招人喜爱。

女儿迫不及待地伸出小手去触摸，手一碰触含羞草，含羞草立马像个害羞的小姑娘，两片小叶片马上合拢了。这时我对女儿说："想不想看魔术？"女儿使劲地点点头。我伸出手在她刚才碰过的地方再用力一碰，这时含羞草的整个掌状复叶都下垂了；我再碰一次，它的整个枝条都耷拉了下来。女儿惊呼："太神奇了！"便问道："妈妈，为什么每次碰含羞草，它都会有不同的反应？"我笑着答道："因为一旦碰到叶子，刺激就立即传到叶柄基部的叶枕，引起两片小叶片闭合起来；触动力大一些，刺激不仅传到小叶的叶枕，而且很快传到叶柄基部的叶枕，整个叶柄就下垂了。所以每次碰含羞草，它都会有不同的反应。"

女儿觉得很好玩，用手去连续触碰含羞草，它竟然纹丝不动了，这下女儿懵了，"妈妈，含羞草是死了吗？怎么都不动了？"

"不用慌，孩子！它没死，含羞草的叶柄下面有一个鼓囊囊的包，就是叶枕，里面含有充足的水分，当你触摸叶片时，叶枕中的水流到别处去了，叶枕就瘪了，叶子垂了下来。我们连续去触摸它，叶枕内的水分流光了，新的水分来不及补充，就出现了叶片不动的状况。"

听完我的解释，女儿不敢再去碰含羞草了，真怕它"厌烦"了我们。

几分钟之后，含羞草又"活"过来了，原来叶枕里的水又流回来了，叶片又恢复了最初的状态。

含羞草俗名"怕羞草""感应草"。它之所以"怕羞"，是因为可以躲避狂风暴雨对它的伤害，也可以看作是一种自卫方式，动物稍一碰它，它就合拢叶子，动物也就不敢再吃它了。含羞草还能预兆天气晴雨变化，预测地震，并在突发性的反季节性温差、地磁、地电等变化出现时有违常规地生长活动。

[观察思考]

1. 为什么用手轻轻一碰含羞草，其叶片就会闭合？

2. 含羞草闭合的叶子怎样才会重新打开？

水仙：夏睡冬醒的睡美人

林焕棠

中文名：
水仙

拉丁学名：
Narcissus tazetta var. chinensis

别称：
凌波仙子、金盏银台、落神香妃等

科：
石蒜科

属：
水仙属

中国人过春节，少不了花，寓意花开富贵。水仙就是其中一种常见的春节花卉。

水仙花朵秀丽，花香扑鼻，黄庭坚称赞水仙"含香体素欲倾城，山矾是弟梅是兄"。水仙的花期，早于桃李而晚于梅，人为控制水仙的日晒时间和水养时间，可以让花正好在春节开放。

我女儿决定亲自做实验，想办法影响花期和花的数量。她要证实水培（用水养）和土培（用泥土种植）的区别、阳光对花期的影响，于是选择了六个同样大小、同样年龄、同样品质的水仙鳞茎做实验。将六个分成三份，每份两个，分别进行水培和土培。三份分别放在不同光照效果的位置：露天、阳台、室内。

　　水仙的鳞茎有毒，牛羊误食会立即出现痉挛、暴泻、瞳孔放大等症状，在种植时要戴手套。

　　水仙喜欢温暖、湿润、排水良好的生长环境，每天都要有 6 小时的光照时间，室温保持在10~15℃。女儿的实验也印证了这一点，放在室内的因没有充足阳光，叶子徒长，因太长而折断了不少，花开得少，花盘也小。

　　水培和土培的开花情况没有太大差别。水养的水仙开花后的鳞茎一般就不能继续种了，它的根很脆，轻轻一碰就断了。泥土种的水仙开花后叶子到春夏之交就枯萎了，泥土中的鳞茎进入休眠期。女儿把装着休眠期水仙的三个盆放到阴凉处，准备等冬天时再"唤醒"它们。

女儿把水仙实验结果写成了科学探究小论文参加了展示，但她的成果被质疑了。女儿指着旁边的三个花盆，自豪地对评委说："泥土中的鳞茎进入休眠期，等到冬天它们又会发芽了。"评委看见水仙鳞茎外层干成褐色了，摇了摇头说："它们已经死了，不会再发芽了。"

女儿顿时觉得很沮丧。回家后对着三个花盆闷闷不乐地说："明明网上资料说水仙是多年生植物，它是靠鳞茎来繁殖的，将已开过花的鳞茎再埋到土里，它就可以继续生长繁殖。但评委又说它们已经死了。"

犹豫再三之后，她还是决定继续照顾三盆看似已经枯萎的水仙。进入秋天，女儿从泥土中挖出水仙鳞茎，一层一层剥去外面褐色的皮膜，惊喜地发现里面雪白雪白的，还充满了水分。经过土培，被专家评委判了"死刑"的水仙又开始发芽了，真是神秘的"睡美人"呀！

[观察思考]

1. 怎样能让开花后的水仙在第二年发芽生长？

2. 通过水培和土培这两种方法培育出来的水仙，它的花期和花的数量有什么区别？

量天尺：
果肉的花青素令含量极高

郭桂梅

中文名:
量天尺

拉丁学名:
Hylocereus undatus

别称:
三角柱、霸王鞭、龙骨花等

科:
仙人掌科

属:
量天尺属

　　火龙果是名为量天尺的多年生肉质攀爬类植物的果实，果肉颜色有白色、红色。它的果味香甜，果肉多汁，除了含有丰富的维生素及水溶性膳食纤维外，还含有丰富的花青素以及植物性白蛋白，并有润滑肠道的作用，在夏天非常受人们欢迎。

闲着就喜欢下厨房的我看到家里的红肉火龙果，个个颜色漂亮，便动手做起火龙果馒头来。把红肉火龙果果肉榨汁、和面、醒面、造形，看着蒸盘里紫红紫红的馒头便觉食欲大增，恨不得马上吃一个。可满怀期待地把馒头上锅蒸20分钟后一看，哎哟，我的紫馒头去哪里了？怎么只剩下一锅土黄色的馒头呢？

女儿看到出锅的馒头变了颜色表示很疑惑，带着这个问题去查资料，才知道原来这是花青素搞的鬼。花青素又叫花色素，是自然界广泛存在于植物当中的水溶性天然色素。我们看到各种蔬菜、水果、花卉呈现出各种各样的颜色，就与花青素有着密切的关系。各色鲜艳的花与果实吸引着昆虫等动物前来帮助植物进行授粉与种子传播，花青素便扮演着一个重要的角色。

花青素具有水溶性，怕高温。我们常食用的红肉火龙果，其果肉呈紫红色是由于它含有丰富的紫甘蓝色素，我们在对馒头加热时，这些色素便随着高温蒸汽直接蒸发了，但是纤维素仍在，所以蒸好后

馒头的颜色变了，但仍有火龙果的清香。

花青素广泛存在于自然界中，其中紫色、黑色的花果含量较多。花青素还有一个特点，它遇酸变红，遇碱变蓝，因此大自然才有如此五彩缤纷的花果。利用它的水溶性和其他特性，我们可以动手与花青素做游戏。我们把紫甘蓝、葡萄等深颜色的植物泡在开水里两个小时左右就能把其中的花青素泡出，再放入白醋或碱面，就可以观察到其颜色的变化了。

花青素是目前人类发现的最有效的抗氧化剂，它不仅能让植物呈现斑斓色彩，更能给我们带来营养和美味。夏天来了，是时候去买个好吃又营养的火龙果来吃了。

[观察思考]

1. 量天尺为仙人掌科植物，你知道为什么仙人掌科的植物叶子都没有了或者变成了针状吗？

2. 利用花青素的特点，你有办法检验买到的红酒是否真的是用葡萄酿造的吗？

虾子花：鸟儿的好伙伴

林焕棠

中文名：
虾子花

拉丁学名：
Woodfordia fruticosa

别称：
红花树等

科：
千屈菜科

属：
虾子花属

　　"驼背老公公，胡子乱蓬蓬。走进汤家庄，改换大红袍。"这个有趣的谜语是猜一种动物，吃货们应该想到了，是可爱的虾。植物世界也有一种与虾有关的植物——虾子花。

　　每年春风一吹，虾子花的老叶还没脱落，新叶正待发芽，就开出橙红色的虾状小花，看起来就像在树上挂满憨态可掬的小虾。虾子花如成人的小指般大小，体形稍微弯曲，像煮熟了的虾身，上面还有凹凸明显的"虾壳"。雄蕊生于萼管下部，明显伸出，像极了小巧玲珑的虾须和生动活泼的眼睛，惟妙惟肖。

135

我第一次见到虾子花是在深圳的仙湖植物园。进入公园游览了一会儿，没找到朱背啄花鸟，我们请教保安叔叔在哪里容易看到朱背啄花鸟，保安叔叔说："走进化石森林，见到一棵虾子花的地方就有朱背啄花鸟了。今天已经有几十个摄影师扛着相机去拍鸟了，你找到摄影师围了一圈的地方就没错了。"

　　朱背啄花鸟只钟情于一棵虾子花吗？我们带着好奇的心情找到了虾子花。正如保安叔叔所言，几十个摄影师围成里一圈外一圈，相机镜头全部对着中间开橙红色花的植物。这就是鸟友们高度关注的那棵神奇的虾子花了。

　　仙湖植物园占地面积546公顷，分六大景区十几个植物专类园，园内收集和保存的植物品种共8500多种，物种丰富，繁花似锦，但朱背啄花鸟却特别钟情于虾子花。这一棵虾子花高约2米，占地面积约7平方米，在这花明柳媚的春天，花朵一簇簇挂满了枝头。小晖拾起地

上的几朵落花细细地欣赏，一副"惜春长怕花开早"的怜惜样子。韬韬像发现了新大陆似的："大家看，多像熟透了的虾呀。可惜这么快就凋谢了。"旁边在拍照的叔叔扭过头来笑着说："不怕，它的花期很长，3、4月份还会开。"

朱背啄花鸟飞来了，只见它又细又长的嘴巴像一根吸管，伸进虾子花筒状的花冠里去吸花蜜，偶尔还啄食长长的花丝。又飞来了几只鸟，树上更加热闹了。韬韬最耳聪目明，说："里面不止一种鸟。哦，还有暗绿绣眼鸟、远东山雀和叉尾太阳鸟。"果然，一棵虾子花引来了四种鸟儿。这四种鸟儿主要以昆虫、花粉、花蜜、果实为食物，鸟喙细长，方便深入花朵中取得食物。

鸟儿们在虾子花的树枝之间灵活地穿梭，莺啼鸟啭，生怕摄影师们看漏了它们的哪一段春之舞蹈。

[观察思考]

　　1. 啄食虾子花的鸟儿的喙有什么特点？

　　2. 虾子花与虾最相像的地方是哪里？

THE STORY CONNECTED TO *THAT PLANT*

奇趣
植物园

五　植物双胞胎

有些植物看起来长得一模一样，而且样子也像双胞胎一样，却是不同的植物。

例如，豆科决明属的植物大多数都开着黄花，难以区分；而大王椰和狐尾椰子一样高大挺秀；牵牛花与五爪金龙都有紫蓝色的喇叭。只有仔细观察才能区分这些『双胞胎』。

文殊兰和蜘蛛兰：
不是兰科的两种「兰」 林焕棠

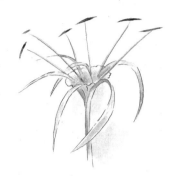

中文名：
文殊兰

拉丁学名：
Crinum asiaticum var sinicum

别称：
文珠兰、罗裙带、
文兰树、水蕉等

科：
石蒜科

属：
文殊兰属

中文名：
水鬼蕉

拉丁学名：
Hymenocallis littoralis

别称：
蜘蛛兰、美洲水鬼蕉、
蜘蛛百合等

科：
石蒜科

属：
水鬼蕉属

　　文殊兰和蜘蛛兰的名字很容易令人误会它们是兰科的植物，其实它们都是石蒜科。它们不但外形相似，而且名字都有"兰"，说起它们名字的由来都很有趣。

　　文殊兰与佛教颇有缘分，它名字是源于文殊菩萨，文殊菩萨是人间智慧的化身。文殊兰被佛教寺院定为"五树六花"之一，所以在各大寺院都有栽种。文殊兰高贵、典雅、美丽，与"文殊"的名字很切合。它的叶子又绿又宽，叶边有起伏的波浪。每年的6-8月，文殊兰就开出洁白无瑕的花朵，每一花茎上有18~20朵花，大部分是18朵，所以又称"十八学士"。花瓣狭长清秀，花蕊简洁自然，真像气定神闲的兰花。傍晚文殊兰会发出阵阵芳香，拂去我们心灵的烦忧和杂念，散步时闻着淡雅的花香，令人心情愉悦。

文殊兰的果实很有趣，是一个像婴儿拳头那么大的球，通常一朵花只结一个果实。我曾摘下一个果实，剥开果皮，露出一颗绿色种子，长得跟独蒜似的又硬又大。后来才知道它全株有毒，鳞茎最毒，千万不要误食它。

与文殊兰的外形很相近的是水鬼蕉，别称是蜘蛛兰。它们外形相似，却有着截然不同的背景。文殊兰名字

来源于菩萨，还可以与菩萨同驻寺院，但水鬼蕉不知道为什么与"水鬼"攀上关系，名字听起来总让人浮想联翩，想到妖魔鬼怪。"水鬼蕉"这名字的由来很难考究，但"蜘蛛兰"这个别称就很形象地描绘出它的花朵形态。蜘蛛兰有3~8朵小花生在茎顶，花瓣细长，呈线形弯曲而且分得很开，下面是漏斗状的副冠，把副冠看作是蜘蛛的身体，细长的花瓣看作腿，风一吹，花朵摇摆起来就像忙于前进的六条腿的蜘蛛（蜘蛛是八条腿），活灵活现。我很喜欢它的副冠，当微风轻轻吹过，薄得近似透明的副冠随风舞蹈。

只要细心观察就会很容易发现蜘蛛兰的叶子与文殊兰的叶子区别很大。蜘蛛兰的叶子狭长，生于基部，抱茎生长。文殊兰的叶片数目更多一些，叶子也更长更宽大，叶子最宽处有7~12厘米，叶片边缘呈波状。蜘蛛兰的叶子是对生的，且左右对得很整齐。而文殊兰的叶子看起来是在绕着圈长出来的。

[观察思考]

1. 文殊兰和蜘蛛兰有什么区别？

2. 水鬼蕉为什么又叫蜘蛛兰呢？

中文名：
姜

拉丁学名：
Zingiber officinale

别称：
生姜、白姜等

科：
姜科

属：
姜属

中文名：
姜花

拉丁学名：
Hedychium coronarium

别称：
蝴蝶姜、穗花山奈、蝴蝶花、
姜兰花、姜黄等

科：
姜科

属：
姜花属

中文名：
艳山姜

拉丁学名：
Alpinia zerumbet

别称：
艳山姜、彩叶姜、
斑纹月桃等

科：
姜科

属：
山姜属

姜、姜花和艳山姜：各有千秋的姜科植物

林焕棠

　　在中国，姜科植物的食用及药用历史十分悠久，它们虽然不像人参那样名贵，但与人们的生活息息相关。各种姜科植物用不同的方式展示自己的价值。

在广州有一种习俗，家里生了孩子，都会煲猪脚姜。"姜"有很多的寓意及作用。首先是寓意"儿孙满堂"，这要从姜的生长过程说起了。姜的茎分地上茎及地下茎两种，我们食用的部分是它的地下

茎种在泥土里，当种姜发芽出苗后，长成主茎，慢慢主茎基部逐渐膨大形成"姜母"。姜母两侧的腋芽继续萌发出2~4根姜苗，这是一次分枝，形成一次姜块——子姜。子姜上的侧芽继续长新苗，这是第二分枝，形成二次姜块——孙姜。就这样继续长出第三、第四、第五次姜块，最后形成了一个由姜母和多次子姜组合的根茎，如同一个几代同堂的大家庭。除了传统寓意，更重要的是，姜有祛风散寒等功效，是有用的食材。猪脚姜是以猪脚、姜、鸡蛋和醋为食材，用瓦煲熬制。经过糖醋的润泽，姜块褪去一点辛辣，吃下去松软无渣，甜醋黏糯微辣，猪脚爽口弹牙。

姜花又是另一种植物，与姜的叶子相似，但作用大不相同。姜花最引人注目的是花。茎上长着一个绿色的花萼筒，筒内分了许多个"房间"，每个"房间"住着两朵花，第一朵凋谢了再伸出第二朵。花开时像一群聚集在茎上翩翩起舞的白蝴蝶。最外围的一层狭长形的是花瓣，再向内一层更像花瓣样构造的，事实上是它变异的瓣状雄蕊。

姜花主要是观花，而艳山姜主要是观叶。它叶色秀丽，黄色和绿色羽毛状相间，远看仿如一片黄色的花海。其实它的花也很独特，花香袭人，端庄秀丽，宛如清丽脱俗亭亭玉立的江南女子。炎热的八月，茎上会长出一串串圆圆的果实。

从南方到北方，从花园到路边，从花瓶到餐桌，处处可见姜科植物，所以姜科植物是十分值得我们好好研究、开发和利用的。

[观察思考]

1. 生活中，你认识哪些姜科的植物，它们对我们的生活有什么帮助？

2. 姜花的花瓣是什么样子的？

石榴与番石榴：
一个果实有许多种子

林焕棠

中文名:
石榴

拉丁学名:
Punica granatum

别称:
安石榴、若榴、丹若、金罂等

科:
千屈菜科

属:
石榴属

中文名:
番石榴

拉丁学名:
Psidium guajava

别称:
芭乐，鸡屎果等

科:
桃金娘科

属:
番石榴属

　　每种水果都有自己独特的味道。龙眼、荔枝、杧果、香蕉带着清新香味的甜，柠檬、百香果、黄皮、葡萄、柚子则带有另一番风味的酸。还有一些水果具有特别的味道，有人会觉得臭气熏天，有人却认为芬芳扑鼻。番石榴就是其中之一。

番石榴又叫鸡屎果，一听名字就是外来物种，中国人喜欢在外来物种前面加个定语"番""洋"或"西"，然后再套用自己熟悉的事物。例如西红柿叫番茄，与茄子截然不同；释迦叫番荔枝，与荔枝相差甚远。如果一定要指出番石榴与石榴的共同点，那就是两种果实里面都有许多种子。

小时候我熟悉的番石榴是鸡蛋大小的。在荒郊野岭、房前屋后随处可见番石榴树，树枝经常被人砍伐当柴烧。我家后院的番石榴树有十几米高，树皮光滑，树干歪歪扭扭的，很容易爬上去摘果实。

现在的番石榴是引进的优良品种，个头有成年人拳头那么大，一般都选择在没有变软的时候吃，比我小时候吃的番石榴大几倍，台湾人称之为芭乐。

有一次与同学聚餐，饭后水果是番石榴。大家谈论起番石榴，发现原来儿时都有各自的摘果经历。丽丽在夏天去小河游泳，河的两旁是挂满果实的番石榴树，枝干伸到离水面二三十厘米处。丽丽用手抓住树枝用力摇，

成熟了的果实就"扑通"地掉进水里，浮在水面上，任丽丽挑来吃。秋哥摘的是曾老伯家的，他与小伙伴看见曾老伯院子里的番石榴熟透了，果皮红得像涂抹了胭脂，一看就知道是香甜的"胭脂红"品种了。两人翻过围墙爬上树，边摘边吃，还装满裤兜。正吃得津津有味时，曾老伯已经在树下等着他们了。吓坏了的两个人慌忙爬下来准备翻墙逃走，谁知曾老伯叫住他们还送了他们一袋鸡屎果，语重心长地说："翻墙危险，以后想吃就直接来摘。"秋哥的那一袋回家放一边就忘了，第二天一打开袋子，一股鸡屎味扑面而来。原来番石榴太熟或不新鲜时会散发类似鸡屎的气味，这就是这个重口味的别称"鸡屎果"的由来。

而石榴受欢迎的程度一点也不亚于番石榴。因为石榴花和果实色泽艳丽，既能观花，又可食果，所以深受

人们喜爱。它的果实很美味，果皮厚、种子多。我们食用的是种子的外种皮，肉脆多汁，甜而带酸。

[观察思考]

　　1. 番石榴为什么又叫"鸡屎果"呢？

　　2. 番石榴和石榴有哪些共同的特点？

决明：
那些三开黄花的决明属植物
林焕棠

中文名：
黄槐决明

拉丁学名：
Senna surattensis

别称：
黄槐、粉叶决明等

科：
豆科

属：
决明属

中文名：
翅荚决明

拉丁学名：
Senna alata

别称：
蜡烛花等

科：
豆科

属：
决明属

中文名：
双荚决明

拉丁学名：
Senna bicapsularis

别称：
双荚槐，金叶荚槐等

科：
豆科

属：
决明属

　　一说起决明属的植物，我脑海里首先浮现出像黄金海洋似的满树黄花。一簇簇的黄槐花、一串串的翅荚决明花，从葱绿的叶子中伸出鲜黄色的小脸儿，让人不由得驻足欣赏。由于花期长，花开得灿烂，羽状复叶姿态优美，所以它们都具有较高的观赏价值。

　　除了黄花之外，决明属植物还有很多共同的特点，例如长荚果，羽状复叶，花近辐射对称，花瓣通常5片。在这么多相同之处中再进行分辨，观察时经常让我们急疯了。有一次，我就被如何区分黄槐决明与双荚决明难倒了。细心观察，还是能发现黄槐决明与双荚决明的不同之处。一是羽状复叶的小叶，前者多后者少；二是花色，后者黄得更鲜亮一点；三是果实，黄槐决明的荚果扁平，双荚决明的荚果是圆柱状；四是树形，黄槐决明多是小乔木形态，双荚决明常见的是灌木形态。

　　"儿童急走追黄蝶，飞入菜花无处寻。"黄色的蝴蝶飞入黄色的花丛中，多美的景象啊！这诗句让我想起了檗黄粉蝶与黄槐决明。据蝴蝶专家研究发现，以前广州很少檗黄粉蝶，但在20世纪90年代中，广州白云山进行林相改造，拔除了原来的所有植物，重新选种植物，黄槐决明就是新种上的其中一种。自从种上了黄槐决明，白云山就开始出现了檗黄粉蝶。蝴蝶是依靠寄主植物生存的，每种蝴蝶吃的寄主又不尽相同，而黄槐决明是檗黄粉蝶的寄主，所以檗黄粉蝶就随着黄槐决明移民到白云山了。与此同时，因白云山被拔除了许多种植物，导致原来生活在白云山的一些蝴蝶因缺少了植物寄主而消失。

决明属植物里最容易区分的就是翅荚决明了。翅荚决明花序长约30厘米，直立在树顶，朵朵黄花开得绚丽烂漫，小巧而娇嫩。它的苞叶、花芽和花瓣都是同样鲜明的黄色，像生日蛋糕上点燃的黄色蜡烛，所以又叫"蜡烛花"。花从下端逐渐往上开，下端的花开罢了，就横生出长长的果荚——任你用怎样犀利的剪刀也都剪不出那样别致的果子形状。

有的植物名字里虽然没有"决明"二字，但也是决明属，例如腊肠树、铁刀木等。这些树近年是越来越常见了，盛花时高高的树上垂下一串串的黄花，有风吹过时，花朵就像是一群蝴蝶在树上翩翩起舞，美极了！

[**观察思考**]

1. 怎样区分黄槐决明与双荚决明呢？

2. 决明属的植物一般具有哪些共同特点？

落花生与蔓花生：真真假假 林焕棠

中文名:
落花生

拉丁学名:
Arachis hypogaea

别称:
花生、地豆、长生果等

科:
豆科

属:
落花生属

中文名:
蔓花生

拉丁学名:
Arachis duranensis

别称:
长喙花生等

科:
豆科

属:
落花生属

　　又到了春暖花开的三月，我家附近的农场举行了"清明前后，种瓜点豆"农耕体验活动，我女儿也去认领了一块地，主要种植甘蔗和花生。

组织活动的叶老师给孩子们介绍，甘蔗和花生一起种植叫作"间作"。因为甘蔗早期生长缓慢，土地没有充分利用就很可惜，这时可以间作一期其他的短期作物，例如花生、番茄等，赶在蔗苗长大之前收获完毕，就可以增加土地收益了。

一个多月过去了，花生已经有30多厘米高，在叶腋长出很多黄色小花，每棵都有几十朵。女儿看着星星点点的小黄花装点着油亮的绿叶，很期待地说："开完花后，很快满树都挂着花生，那真是壮观。"我听了，笑而不语。

又隔了一个星期，我们再去农场，女儿惊讶地问："为什么花儿谢了又不见结果呢？"我指着长长的子房柄示意她观察。女儿发现子房柄顶端长成紫色的"子弹头"状，下垂着正准备要伸进泥土。我告诉她："花生是地上开花地下结果的植物，所以又叫落花生。开花授粉后，子房柄不断伸长，从枯萎的花管内长出一根果针，果针迅速伸长插进土里。当果针伸入土地5~6厘米时，子房开始横卧着慢慢长成果荚了。"

有一天，女儿迫不及待地向我汇报她的新发现："妈

妈，我们小区的花园里也种了许多花生。"我知道她肯定是把蔓花生误以为是花生了，但我不急着否定，问："它与你种的花生一样吗？"第二天她再去看时，发现与农场的花生有很多不同之处。蔓花生的茎为蔓性，匍匐在地上，比花生矮。花也是金黄色，花期很长，从春季到秋季，常常被选为地被植物栽培。由于外形像花生，所以蔓花生又称假花生。

到了八月，农场的花生可以收获了，但结果令人大失所望。每棵只有几颗花生，这令几个勤劳的小农民大惑不解。叶老师给大家解开了谜团："是老鼠干的好事。现在附近农田都不再种水稻等农作物了，老鼠找不到吃的，于是盯紧了这里的花生。在花生还没完全成熟时，它们已经挖洞钻进土里吃花生了。"孩子们剥开仅剩下的几个果实，黄褐色的果壳，浅红色的花生种子像躺在小船上的珠子。摘下花生果实后，把花生的根、茎、叶和泥一起埋向两边的甘蔗，起到固根和肥土的作用。然后甘蔗继续生长，到十一月份就能收获了。

[观察思考]

1. 花生的果实生长在哪里？

2. 如何区分花生和蔓花生？

紫薇与大花紫薇：
夏天的主角　林焕棠

中文名:
紫薇

拉丁学名:
Lagerstroemia indica

别称:
入惊儿树、百日红、
满堂红、痒痒树等

科:
千屈菜科

属:
紫薇属

中文名:
大花紫薇

拉丁学名:
Lagerstroemia speciosa

别称:
大叶紫薇、洋紫薇等

科:
千屈菜科

属:
紫薇属

　　世间万物，无奇不有，紫薇"怕痒痒"就是出了名
的奇事。紫薇树的灰褐色老树干很光滑，没有树皮。而
年轻的树枝上会年年长树皮，又年年脱落。年老的紫薇
树，因为树身不再长表皮，所以裸露的树干苍劲有力，
鲜亮光滑。其实，紫薇"怕痒痒"是与树干的木质和粗

细有关。它的木质比较坚硬，树干上下都差不多粗细，因此有别于其他树上细下粗的特点。所以紫薇树的树冠比其他的树更重一些，容易摇晃。当人们用手指挠它的枝干时，轻轻摩擦引起的震动就通过坚硬的木质传递到树的所有部位，整棵树就立即舞蹈起来，枝摇叶动，浑身颤抖。摩擦的力度再大点，树叶摇晃时互相碰撞，宛如被挠痒痒而发出"呵呵"的笑声。

紫薇又叫百日红，源于诗人杨万里的诗句："谁道花无红十日，紫薇长放半年花。"紫薇花都开在新萌发的枝条上，当第一批花开尽了，要及时剪去已开过花的枝条，让它重新萌芽，长出下一轮花枝。紫薇的枝干扭曲，小枝纤细，为了让树干更粗壮，要大量剪去花枝，把营养集中在树干。那些徒长枝、重叠枝、交叉枝都要及时剪除，以免消耗养分。这样细心修剪，紫薇的花期就可以长达100~120天。

紫薇在中国已经有几千年的栽培历史，唐朝时就被广泛种于宫廷内。它很会挑时间开花，选择在少花的夏秋季节，无数的小花聚满枝头，让葱绿的夏天也能呈现满堂红的景象。

与紫薇一起在夏天开花的还有它的"好姐妹"——
大花紫薇。大花紫薇，顾名思义，叶子、花朵、果实都
比紫薇大。花朵在枝条顶端成串向上绽放，优雅的紫花
仿佛要把树压垮。大花紫薇花落叶红时，果实也成熟了，
像一串串小铃铛挂满枝头，吸引了金翅雀来品尝美食。
金翅雀用坚硬的鸟喙啄开大花紫薇的果实外壳，津津有
味地享用里面的果仁。

紫薇和大花紫薇，就像家境不同的人家培养出来的
姑娘，一个小家碧玉，一个大家闺秀，虽然气质不同，
但都落落大方、艳压群芳。

[观察思考]

1. 紫薇为什么叫痒痒树？

2. 哪种鸟喜欢大花紫薇的果实？

大王椰与狐尾椰子：
可怕的高空炸弹　林焕棠

中文名：
大王椰

拉丁学名：
Roystonea regia

别称：
王棕、文笔树、
大王棕、棕榈树等

科：
棕榈科

属：
大王椰属

中文名：
狐尾椰子

拉丁学名：
Wodyetia bifurcata

别称：
狐尾棕、
二枝棕等

科：
棕榈科

属：
狐尾椰属

　　正所谓树大招风，大王椰真没有辜负这个"大王"的宝座。台风过后，澳门海边的大王椰被台风打落了叶子，只剩下铅笔状树干，这都要怪它是高个子。它高耸挺拔，有的高15米以上，树干笔直不生横枝，所以又叫文笔树。大王椰的叶子只生在树顶，有3~4米长，像鸟的一根根羽毛，向四方伸出，远看如同一把巨型绿伞。

大王椰的花开得很低调，穗状花序藏在一个圆筒状

的佛焰苞里，花开时就撑开佛焰苞"破门而出"，小花梗有许多分枝，像一把扫帚。我没看见过大王椰的果实，可能是不适应气候，它在广东总是不愿意结果。有一次，

我看见家门前的树上结了果，但把果子比对一下才发现，那几棵与大王椰长得很像的，叫狐尾椰子。狐尾椰子结果时很张扬。刚开始是黄豆般大小，慢慢长大，两个月后，果实的直径有五六厘米。几十个浆果密密麻麻地挤在一起，像一串绿色的葡萄，成熟了就变成红褐色。

因为大王椰和狐尾椰子有如此英俊的外貌和高大的身材，风采别致，气度非凡，所以它们被广泛种植于热带、亚热带地区作为观赏之用，但它们沉重的落叶却给人们带来了困扰。

近年来，大王椰成为令人望而生畏的"高空炸弹"。罪魁祸首是其枯叶。大王椰的一片枯叶可重达30多千克，成为行人和车辆头顶的"高空炸弹"。枯叶砸伤人或砸坏车的事常有发生。有人建议把树移走，但移树不是简单的工作。俗话说"人挪活，树挪死"，要迁移树干直径超过20厘米、高度超过10米的树木，技术难度大、成活率低。现在新种的绿化树木很少见大王椰和狐尾椰子的踪影，更多的是凤凰木、风铃木、秋枫等树种。

　　大王椰和狐尾椰子的树干上都有一圈圈的叶痕，记录了它们饱经风霜的生命历程。狐尾椰子的树干瘦一点，颜色深一点，羽状复叶的羽片排列成紧密的狐尾状，形成相当优美的树冠，加之膨大的茎干、红色的果序，比大王椰、假槟榔等传统的棕榈科园林树种要显得高贵一些。棕榈科植物三五株不规则地种植在马路旁边，再配以低矮的灌木和石头，高矮错落有致，充满热带风情。

[观察思考]

　　1. 大王椰和狐尾椰子的树干有什么区别？

　　2. 高大挺拔的大王椰给人们带来什么困扰？

牵牛和五爪金龙：我俩可是亲戚哦

潘艳华

中文名:
牵牛

拉丁学名:
Ipomoea nil

别称:
喇叭花、
牵牛花等

科:
旋花科

属:
番薯属

中文名:
五爪金龙

拉丁学名:
Ipomoea cairica

别称:
槭叶牵牛、番仔藤、
台湾牵牛花、掌叶牵牛等

科:
旋花科

属:
番薯属

　　我由衷地热爱自然，热爱与花草为伴的日子。曾经在菜园种上了一片花海，有凤仙花、波斯菊、百日菊、麦蓝花、牵牛花……开得最壮观的当属牵牛花了。

早春里把牵牛花种子播下去，暮春时分便盛开了，花期一直延续到初秋。一个个可爱的小花朵，含笑迎风，清新明亮。遍地的牵牛花有粉红色、蓝色、白色、紫色等，与园中的各种花儿交相辉映，令整个菜园色彩斑斓、灿烂无比。记得郁达夫先生在《故都的秋》里有这样的一段话："从槐树叶底，朝东细数着一丝一丝漏下来的日光，或在破壁腰中，静对着像喇叭似的牵牛花的蓝朵，自然而然地也能够感觉到十分的秋意。说到了牵牛花，我以为以蓝色或白色者为佳，紫黑色次之，淡红色最下。最好，还要在牵牛花底，叫长着几根疏疏落落的尖细且长的秋草，使作陪衬。"于我，无论哪种颜色，都是那么美！

　　晨间喜欢邀上几位好友，走进菜园，一边呼吸着清新的空气，一边欣赏点缀于绿叶丛中的各色鲜花，牵牛花在晨风中轻轻摇摆，虽然娇小，却清新自然，长得精神奕奕，令人赏心悦目。牵牛花，别称是朝颜花，具有"朝开午谢"的特点，经过一夜的酝酿，顶着朝露在晨曦中慢慢地绽放笑颜，浑身洋溢着令人奋发向上的生命力。

只可惜，一到中午，它就低垂着头，凋谢了。

牵牛花从暮春开到初秋，夏季是盛放期。而夏季有一种缠绕草本植物长得和牵牛花极其相似，名叫"五爪金龙"。在平地、山地路边的灌木丛边随处可见，花朵盛开时铺天盖地，繁花似锦，远观也不失为一道亮丽的风景。由于它的花儿呈漏斗状，酷似喇叭，很多人都误以为它是牵牛花。其实牵牛花和五爪金龙都是旋花科番薯属的植物，所以它们是同科同属的亲戚哦！

那我们怎样区分它们呢？最简单的方法就是看叶子，五爪金龙的叶子看起来像龙爪一般，有五或七个裂痕，而牵牛花的叶子则是圆形的或是三裂叶的。下次看见了它们，可别再傻傻分不清了。

牵牛花和五爪金龙不仅样子长得像，连英文名也很像哦！牵牛花的英文名是"morning glory"，五爪金龙的英文名是"cairo morning glory"，你记住了吗？

[**观察思考**]

　　1. 牵牛花为什么也叫朝颜花？

　　2. 你怎样区分牵牛花和五爪金龙？

作者的话

科学和艺术，推动着人类文明的进步和繁荣。很多年前，就有人问我们，作为一个普通人，为什么要观察植物？那是因为人类的文明是建立在植物的基础上的，人类离不开植物，我们怎么能不去观察和研究呢？你想，漫步在山野村道上，迎接我们的一棵棵树木，一朵朵鲜花，一串串果实，我们不但知道它们的名字，还知道这些植物的故事，知道这些植物平凡的外表下面有怎样独特的本领。漫步郊野，领略到的是一个又一个鲜活的植物生命与它们的故事。这是一件多么有趣的事情啊！

这本书的面世，源于广州市教育研究院马学军老师组织的、面向科学教师和中小学生普及生物多样性知识所开展的一系列植物观察培训和比赛等科普活动。这些活动唤醒了我们记忆深处尘封已久的植物故事，唤起了我们对身边植物再认识的冲动。我们更希望这本书能让被电子产品包围的孩子与身边的植物建立更多的联系，希望孩子们愿意因此走进植物世界，更多地了解植物，认识自然，敬畏生命。

对于并非专业植物学研究者的我们来说，物种辨认、查证、绘图等专业细致的工作都极大地考验着我们的细心和耐心。每一种植物都会有一个拉丁文学名，以及中文名和别称（俗名）。本书植物拉丁学名在《中国生物物种名录2020版》《中国植物志》有不同表达的，统一以前者为准；外来植物以"中国植物图像库"为准。由于作者专业知识和水平有限，错误在所难免，如果读者们在阅读过程中发现问题或错误，敬请批评指正。

在本书的编撰过程中得到了很多专家、学者和老师们的帮助。广州市阳光鸟类保护协会、沙湾生态研学营等给予我们开展自然观察活动的平台，让更多的孩子和家长走进大自然这个充满奇妙和趣味的"植物园"。在植物辨认过程中，得到了唐英姿、卜标、陈镜明、陈哲、陈秀媚等老师的倾力相助；杨炳军先生为书中的每种植物都配上了有趣、精美的手绘图画。谨此，在《奇趣植物园》出版之际，对各位专家、学者、科普志愿者、植物爱好者的关心和支持致以衷心的感谢和崇高的敬意。